世界史を変えたスパイたち

池上 彰

日経BP

はじめに——新冷戦で、スパイふたたび

東西冷戦が終わった時、「これでスパイ小説の書き手は失職する」と言われました。冷戦中は、アメリカもソ連も、さらにイギリスもイスラエルも、仮想敵国の情報を収集するために、あらゆる努力を重ねてきました。そんな動きを受ける形で、「スパイ小説」という文学作品のジャンルも確立しました。その基盤がなくなってしまうだろうというジョークだったのです。

私がスパイという存在に興味を持ったのは中学生の時。イアン・フレミングの『007』シリーズをハヤカワ・ポケット・ミステリで読みふけり、ワクワクしたものです。

その後、大学生になってからはジョン・ル・カレの『寒い国から帰ってきたスパイ』（宇野利泰訳／ハヤカワ文庫）を読んで、そのプロットの巧みさに驚愕しました。

さらにブライアン・フリーマントルの『消されかけた男』（稲葉明雄訳／新潮文庫）は、スパイ組織というものが、自組織の構成員であっても組織の存続のた

めには平気で見殺しにする状況を描いていて、震撼しました。

しかし、冷戦終結後は、アメリカやイギリスの作家は作品の中でソ連あるいはロシアを敵にするわけにいかず、中東の過激派によるテロを未然に防ぐ作戦を描くという内容のものに変わっていきました。

ところが、米中対立やロシアによるウクライナへの軍事侵攻をきっかけに「新しい冷戦」という言葉が生まれました。

2020年10月には、アメリカの司法省が中国の情報機関職員2人を訴追したと発表しました。2人は2019年、アメリカ政府職員に賄賂として暗号資産のビットコイン4万1000ドル相当を支払い、中国の通信機器会社ファーウェイについてのアメリカ政府の捜査情報を知らせるように求めたというのです。

ところが、この「アメリカ政府職員」は、実はFBI（アメリカ連邦捜査局）の二重スパイでした。中国の情報機関職員（要するに中国のスパイ）の言うことを聞くふりをしていたというのです。

賄賂がビットコインというのが、いかにも現代的ですが、いまやアメリカと中国の間で熾烈なスパイ合戦が行われているのです。

これは決して日本も無縁ではありません。ロシアがウクライナに軍事侵攻したことに対し、日本政府は制裁として2022年4月、日本に駐在するロシアの外交官ら8人を追放しました。

「外交関係に関するウィーン条約」では、受け入れ国は国内にいる外交官を「ペルソナ・ノン・グラータ（好ましからざる人物）」として、国外退去を求めることができると定めています。この時も日本政府が8人を「ペルソナ・ノン・グラータ」として追放したという報道がありました。しかし、実際は、そうではなかったのです。

もし日本政府がロシアの外交官を「ペルソナ・ノン・グラータ」に指定すると、ロシア政府も報復としてロシア国内に駐在する日本大使館の外交官が追放されてしまいます。いわゆる「報復合戦」です。日本政府は、これを防ぐため、ロシアに対し、8人の「自主的な退去」を求めたのです。日本政府の対応は、アメリカに対して「日本もちゃんとロシアに制裁していますよ」という形を取りながら、実質はロシアを刺激しないようにしている。まさに曖昧戦略を取ったのです。

ただし、ここで「自主的退去」を求められた外交官たちは、SVR（対外諜報庁）とGRU（ロシア連邦軍参謀本部情報総局）のスパイでした。

SVRとは、ソ連時代はKGB（国家保安委員会）と呼ばれたスパイ組織の後継です。ソ連崩壊後、KGBは国内と旧ソ連諸国を管轄するFSB（ロシア連邦保安庁）とそれ以外の外国を担当するSVRに分割されていました。

一方、GRUは軍の諜報組織。ソ連軍がロシア軍に名称を変えただけです。世界中で軍事情報を収集するとともに、サイバー攻撃や、場合によっては暗殺という〝汚れ仕事〟を受け持つ組織です。イギリスでは、実際に暗殺を実行したことが確認されています。

双方とも駐日ロシア大使館内に東京支局を置いています。総員は約70人と推測されています。

彼らの行動は、常に警視庁公安部の警察官が監視しています。だから今回も、スパイに絞って国外退去を求めたというわけです。

東西冷戦が終わってもスパイの存在はなくなりません。むしろITやAIを駆使することで、情報をめぐる争いはより一層激しくなっているのです。

こうしたスパイの活動は、過去の世界史を動かしてきました。「成功」した活動も失敗した活動も数多くあります。

成功したスパイ活動は、決して明るみに出ない。「スパイが暗躍した」と指摘されるのは、失敗したからだ。こんな箴言《しんげん》があります。

これまで私は、様々な現代史を描いてきました。その中でスパイの陰謀について言及したこともありますが、スパイそのものを真正面から取り上げたことはありませんでした。そこで今回は、「現代史を動かしてきたスパイ」についての本を書くことにしました。これをお読みになると、知っているつもりだった「現代史」についての認識が大きく変わるかもしれません。

もちろん世の中には「スパイ大好き」という人が大勢います。その人たちにとっては既知の事実もあることでしょうが、この本は、スパイについての基本的な知識のない人にも理解できるように工夫しています。いわば「スパイ入門書」です。「スパイの世界」にようこそ。

2023年1月

ジャーナリスト　池上　彰

世界史を変えたスパイたち——目次

［第1章］ウクライナをめぐる諜報戦 015

[第2章] スパイとは何か
──ゾルゲ、キム・フィルビーら、スパイの肖像 035

［第3章］東西冷戦時代のスパイ合戦

[第4章] スパイ時代の終焉とサイバー空間での攻防

［第5章］

日本、アジアのインテリジェンスの実力とは

第1章

ウクライナをめぐる諜報戦

ロシア軍の侵攻準備をアメリカがいち早く暴露

「ロシア軍が新年早々にもウクライナに侵攻する準備をしている。最大17万5000人を動員した本格的な軍事侵攻の計画だ」

これは、アメリカの情報機関がまとめた報告だとして、2021年12月3日、アメリカの有力紙「ワシントン・ポスト」が報じたニュースです。

この情報を裏付けるかのように、ロシア軍はこの時既にウクライナとの国境沿いに約10万人の兵力を集結させています。

現代は、宇宙からの偵察衛星によって地上の兵力の移動は丸見えです。しかし、この時点でのロシア軍の兵力は約10万人。「ワシントン・ポスト」は「最大17万5000人を動員して」と報じています。ということは、ロシアが今後も兵力を増強する方針であることを、アメリカの情報機関が摑《つか》んでいたことを意味します。ロシアによるウクライナ軍事侵攻は、その前年からアメリカの諜報能力の高さによって〝予言〟されるものになっていたのです。

2021年9月、ロシア軍はウクライナ国境付近やベラルーシ国内で大規模な軍事演習を実施しました。演習は9月16日で終了し、ロシアのセルゲイ・ショイグ国防相はロシア軍に撤退命令を出したと発表していました。

ところが、この時引き揚げた兵力はごくわずか。多数の兵力が、そのまま居座っていたのです。その後、11月になって、ロシア軍は再びウクライナ国境に近い場所で大規模な軍事演習を開始しました。当時のロシアは、ウクライナがNATO（北大西洋条約機構）に入ろうとしていることに反対していました。そこで、この軍事演習は、ウクライナを牽制する行動だろうと思われていました。国境近くで軍事演習をすることで隣国に脅威を与え、自国の主張を通そうとする。軍事独裁国家によくあるパターンをロシアも始めたのだろうと見られていたのです。

しかし、冒頭で紹介したように、アメリカは、この軍事演習が単なる脅しではなく、侵略の準備であると見破っていたのです。

「ワシントン・ポスト」の記事は、アメリカ国防総省を担当している記者のものでした。アメリカ政府が、有力紙にロシア軍についての情報をリークして大きく報道させる方針を打ち出したことを示すものでした。ロシア軍の意図を事前に暴露し、ロシア軍の行動を牽制する。そんな意図を持っていたことを示します。こんな情報戦が展開されたのです。

さらに年が明けた2022年2月、アメリカのバイデン大統領の声明は、世界を驚かせました。

「ロシアがまもなくウクライナに軍事侵攻しようとしている」と断言したからです。この予測がはずれたら、バイデン大統領の信頼は失墜します。そのリスクを冒してまで、戦争が切迫していることを世界に知らせたのです。

これに対し、ロシアのプーチン大統領は否定してみせます。しかしバイデン大統領の発言は揺るぎのないものでした。アメリカは、どうして自信を持ってロシアの軍事行動を予測できたのでしょうか。そこにはアメリカによる諜報活動があったからです。

アメリカは宇宙空間に偵察衛星を打ち上げ、常に宇宙から地上を観察しています。どの程度の解像度があるかは秘密ですが、少なくとも15センチ程度の物体は認識できるほどの性能を持っているとされています。通常は地球を周回していますが、緊急に、ないしは継続的に観察しなければならない事象が起きると、宇宙空間を移動して、特定の地上部分を定期的に観測できるようになっています。こういう行動を取ると、偵察衛星は移動のために燃料を噴射するので、宇宙空間にとどまれる期間が短くなってしまうのですが、緊急時には、こういった対応を取ります。おそらくアメリカは、前年の11月にロシア軍の軍事演習が始まった段階から、地上の様子を注意深く観察していたのでしょう。

東西冷戦時代、アメリカとソ連は、互いに偵察衛星を打ち上げ、相手の国の軍事行動を観察していました。ベトナム戦争中、北ベトナムは、アメリカの偵察衛星の軌道を計算し、衛星が自国の上空を飛行する時間には、軍の行動を停止したり、あえてアメリカに首脳の行動を見せたりしていたことが、ベトナム戦争が終わってから明らかになりました。

また、冷戦中はソ連と中国の関係が悪化し、中国軍がベトナムに軍事侵攻した際には（中越戦争）、ソ連が偵察衛星で得た中国軍の行動を逐一ベトナムに伝えていました。ベトナムが中国軍の大軍を相手に善戦できたのは、宇宙からの眼があったからなのです。

東西冷戦が終わっても、アメリカはロシアを常時観測しています。核大国に異常な行動が見られないか、常にチェックしているのです。その結果、軍事演習をしていたはずのロシア軍の行動に〝異常〟を発見したというわけです。それは、何か。軍事演習をしていた部隊の横に設置された、多数の野戦病院です。もちろん通常の軍事演習でも負傷者が出ますから野戦病院は設置されますが、この時は規模が違いました。また、輸血用の血液を運搬する自動車も観察されました。ロシア軍が、本格的な戦闘を準備していることが、これでわかります。ロシア軍が遂に行動を開始した。宇宙からでも、この程度はわかるのです。

さらにロシア軍がウクライナ国境沿いに展開を始めたことを受けて、アメリカ軍は2021年12月からウクライナ上空にRC135電子情報偵察機を飛行させていました。これは、地上の無線交信を傍受する能力を持っています。ロシア国内のウクライナ国境近くにいるロシア軍の司令部が交信している無線を傍受していたのです。ロシア軍が軍事行動に出る場合、当然のことながら無線交信が活発になります。これだけでも「軍事行動が始まる」と予測できます。さらにロシア軍の無線の交信は暗号が使われているはずですが、これも解読できていた可能性があります。また、ロシア軍内部にいる、アメリカが養成したスパイが送ってきた情報もあるでしょう。こうした複数の情報源から、アメリカはロシア軍の行動を読み切っていたのです。

ということは、アメリカが事前にロシア軍の行動について詳細な発表をすると、ロシアは、「どこから情報が漏《も》れているのだ」と疑心暗鬼になり、アメリカ軍の情報源探しに躍起になります。つまりアメリカは、自らの情報源が発覚してしまうリスクを冒してまで、発表を続けたのです。そこにはアメリカの反省がありました。

ロシアは2014年にもウクライナのクリミア半島に軍事侵攻しました。この時もアメリカは、事前にロシア軍の行動を把握していましたが、この事実を公表すると、アメリカの諜報能力がロシア側に判明してしまうと恐れ、公表しませんでした。このためにロシア軍の侵攻を許してしまったという苦い経験があります。そこで今回は、情報源が判明するリスクを冒してもロシア軍の侵攻の意図を公表したというわけです。

「偽旗作戦」の計画も暴露

さらにアメリカは、ロシアが「偽旗作戦《にせはた》」を計画していることも暴露しました。ロシアが、ウクライナに軍事侵攻する大義名分を作ろうと、「ウクライナ軍が攻撃してきたために一般住民に大きな被害が出た」とアピールするために住民に演技をさせて映像に収めていると暴露したのです。これではロシアは、この手法を採用することができなくなります。

実はロシアは、ソ連の時代から、この「偽旗作戦」を得意としてきました。戦争には「大義名分」が必要です。侵略戦争でないとアピールする必要があるからです。1939年、当時のソ連軍は隣国フィンランドに攻め込みました。「冬戦争」です。この時ソ連は、ドイツ軍の侵略を恐れ、フィンランドに対し、領土の交換とフィンランド領の島をソ連に貸すように求めていました。しかし、フィンランドは、この要求を拒否します。すると、それから間もなくして、ソ連は、「ソ連の国境警備隊に対し、フィンランド軍が攻撃を仕掛けてきた」と発表し、反撃と称してフィンランドに攻め込んだのです。フィンランドにしてみれば、軍事大国のソ連に戦争を仕掛けるなどありえないことですが、ソ連は「フィンランドが先に手を出した」ことを大義名分にしたのです。

また、1950年には北朝鮮が、「韓国軍がしきりに我が国に対し軍事攻撃を仕掛けてきたので、自衛のために立ち上がった」と説明して38度線を越え、韓国に攻め込みました。実際には満を持しての奇襲攻撃で、不意を突かれた韓国軍は敗走してしまうのですが、ここでも大義名分がありました。当時の日本では北朝鮮の発表を真に受けた人も多く、「朝鮮戦争は韓国軍が仕掛けた」と主張する人もいたのです。

ロシア、末端に侵攻計画伝達できず

アメリカが、「ロシアが軍事侵攻する」と早々と発表してしまったことに対し、ロシアのプーチン大統領は、それを否定しました。当時、駐日ロシア大使館のガルージン大使も、「ロシアはウクライナを攻撃することはない」と断言していました。

ガルージン大使の場合、ロシア本国からどのような指示があったのか不明ですが、ロシア本国が侵略を否定するコメントを発表しているのですから、そのコメントに沿った対応をしたのでしょう。

しかし、プーチン大統領が軍事侵攻を否定してみせたため、ロシア軍は末端の兵士に直前まで軍事侵攻の計画を明らかにできませんでした。開戦早々にウクライナ軍の捕虜になったロシア兵は、「ベラルーシで軍事演習だと聞かされてきたら、ウクライナに連れてこられていた」と供述しています。これでは兵士の戦意も上がりません。アメリカの暴露は、ロシア軍の軍事侵攻を阻止することはできませんでしたが、ロシア軍の初期の混乱を引き起こすことには成功したのです。

諜報活動の3類型

ロシアによるウクライナ侵攻をめぐり、アメリカの諜報能力の一端が明らかになりました。そこで、ここでは諜報活動について基礎から解説しておきましょう。第2章以降でも取り上げますが、先にここで整理しておきます。諜報活動には、以下の3類型があります。

・オシント（OSINT）とは「Open-Source Intelligence」の意。「オープンソース」つまり、新聞や雑誌、テレビなど誰でも見たり聞いたりできる公開情報をもとに分析することです。これなら読者のあなたにも可能ですね。ただし、単に情報を大量に集めたところで、それだけでは役に立ちません。その情報から、国家や集団にとって役に立つ情報を選択し、他の情報と突き合わせて、真に役に立つものにしていかなければなりません。これぞスパイの能力です。

日本語では、最初に収集されたものも、そこから磨き上げられたものも、どちらも「情報」と表現しますが、英語では、最初に集められた情報は「Information」（インフォメーション）で、磨き上げられたものが「Intelligence」（インテリジェンス）です。天気予報でたとえると、気圧配置や風向きなどがインフォメーションであるのに対し、それらをもとにこれからの天候がどうなるかという情報を導き出したものがインテリジェンス、と言えばわかりやすいでしょうか。スパイ、つまり諜報機関・情報機関にとって、いわゆるインフォメーションの収集と、それを集めて分析評価したインテリジェンスの双方が重要になります。

アメリカのＣＩＡ（Central Intelligence Agency）は、日本語では「中央情報局」と訳されますが、Ｉはインフォメーションではなくインテリジェンス。あえて日本語に訳すと「諜報」になります。

・シギント（SIGINT）とは「Signal Intelligence」のこと。シグナルつまり電波を傍受したり、電話などを盗聴したりして情報（インテリジェ

〈諜報活動の３類型〉

□ **OSINT**（Open-Source Intelligence）

組織のWEBサイト、アナリストの発表資料、
従業員のSNSなどの公開情報をもとに
データを収集、分析する方法

□ **SIGINT**（Signal Intelligence）

電子通信を傍受して情報を収集する方法

□ **HUMINT**（Human Intelligence）

情報源となる人物に接触して情報を入手したりして、
諜報活動を行う方法

ンス）を得ることです。アメリカでは、NSA（National Security Agency）、国家安全保障局が担当しています。NSAは、1949年に前身の組織が設立され、1952年に現在の名称になりましたが、長らく存在自体が極秘にされてきました。このためNSAとは「No Such Agency」（そんな組織は存在しない）の略だなどと言われたこともあります。

同様の組織がイギリスでは「政府通信本部（GCHQ）」といいます。この他カナダ、オーストラリア、ニュージーランドを合わせた5カ国は、「エシュロン」と呼ぶ通信傍受網で相互に協力し合って世界中の情報を集めています。5カ国なので「ファイブ・アイズ」（5つの眼）と呼ばれます。

・ヒューミント（HUMINT）は「Human Intelligence」のこと。つまり人間から得る情報です。要はスパイを使って得る情報です。

世界各国に多数の諜報機関

こうしたスパイ活動をする組織としては、アメリカのCIAが有名ですが、他にも世界各国にスパイ組織があります。イギリスにあるのはMI5（保安部、SSの通称）とMI6（秘密情報部、SISの通称）です。MI5はイギリス国内で活動する敵国のスパイを監視・取り締まる機関。MI

6は、CIAと同じく海外で活動するスパイ組織です。小説や映画などで有名な007が所属するのはMI6という設定です。

ソ連時代のスパイ組織としてはKGB（国家保安委員会）が有名です。「はじめに」で触れたようにソ連が崩壊した後、KGBは解体され、ロシアと旧ソ連のウクライナやベラルーシを担当することになったのがFSB（ロシア連邦保安庁）で、それ以外の世界各地でスパイ活動をしているのがSVR（対外諜報庁）です。

また、これ以外に軍のスパイ組織としてGRU（ロシア連邦軍参謀本部情報総局）があります。日本ではSVRとGRUの両方のスパイが活動しています。ロシアのウクライナ侵攻の際、日本政府は駐日ロシア大使館に勤務する大使館員ら8人に国外退去を要請しましたが、彼らがS

〈KGBの組織図〉

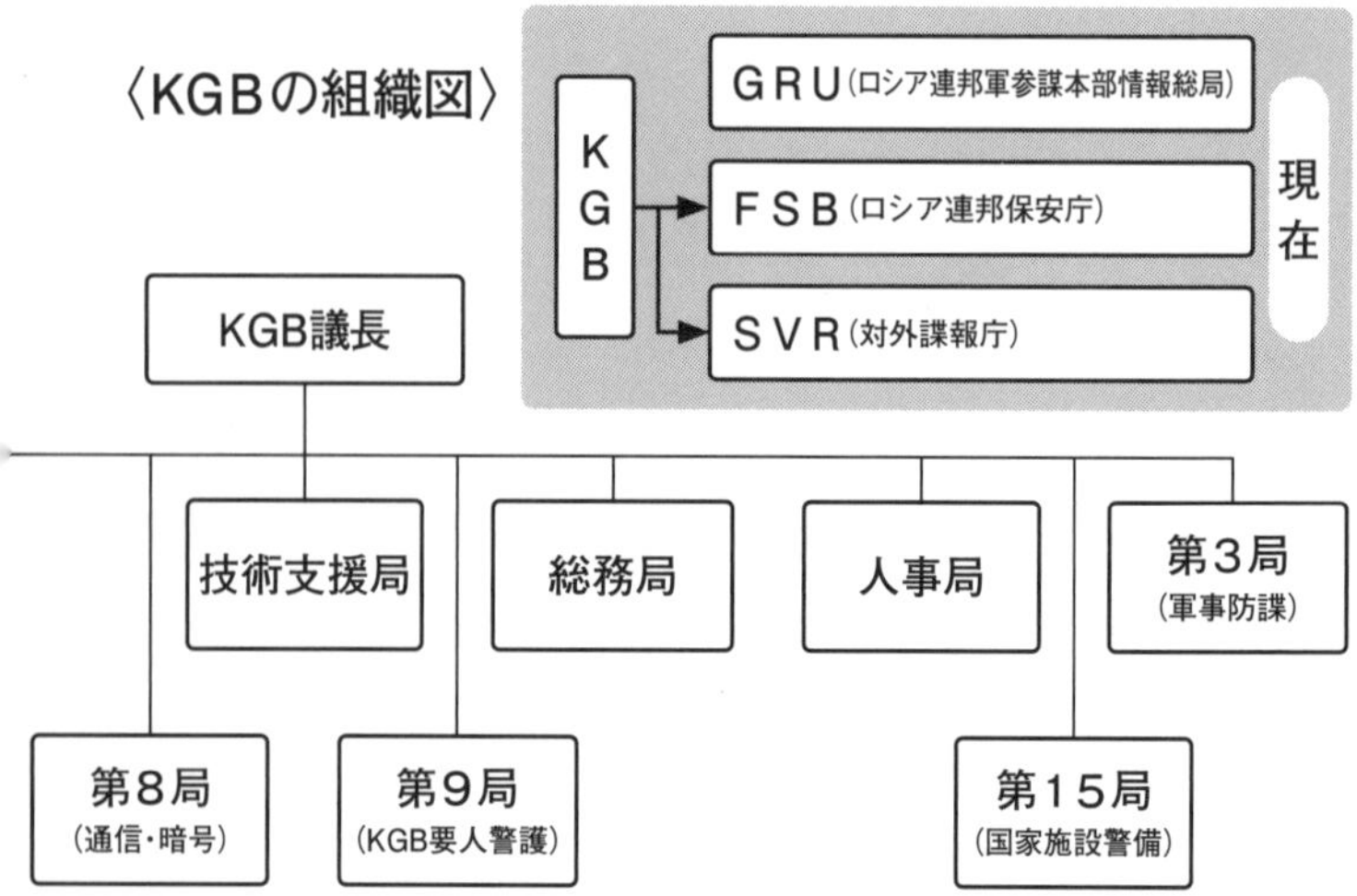

出典：『インテリジェンス用語辞典』

VRやGRUのメンバーの一部です。海外で暗殺など〝汚れ仕事〟をするのがGRUです。

ロシアが「ハイブリッド戦」を駆使できなかったわけ

もしロシアが軍事行動に出る場合、戦車などによる軍事行動とともに、サイバー攻撃も駆使する「ハイブリッド戦」を展開すると言われてきました。ところが今回の戦況の推移を見ると、ロシア軍のサイバー攻撃が有効だったとは、必ずしも言えない状態が続きました。

たとえば2014年にロシアがクリミア半島

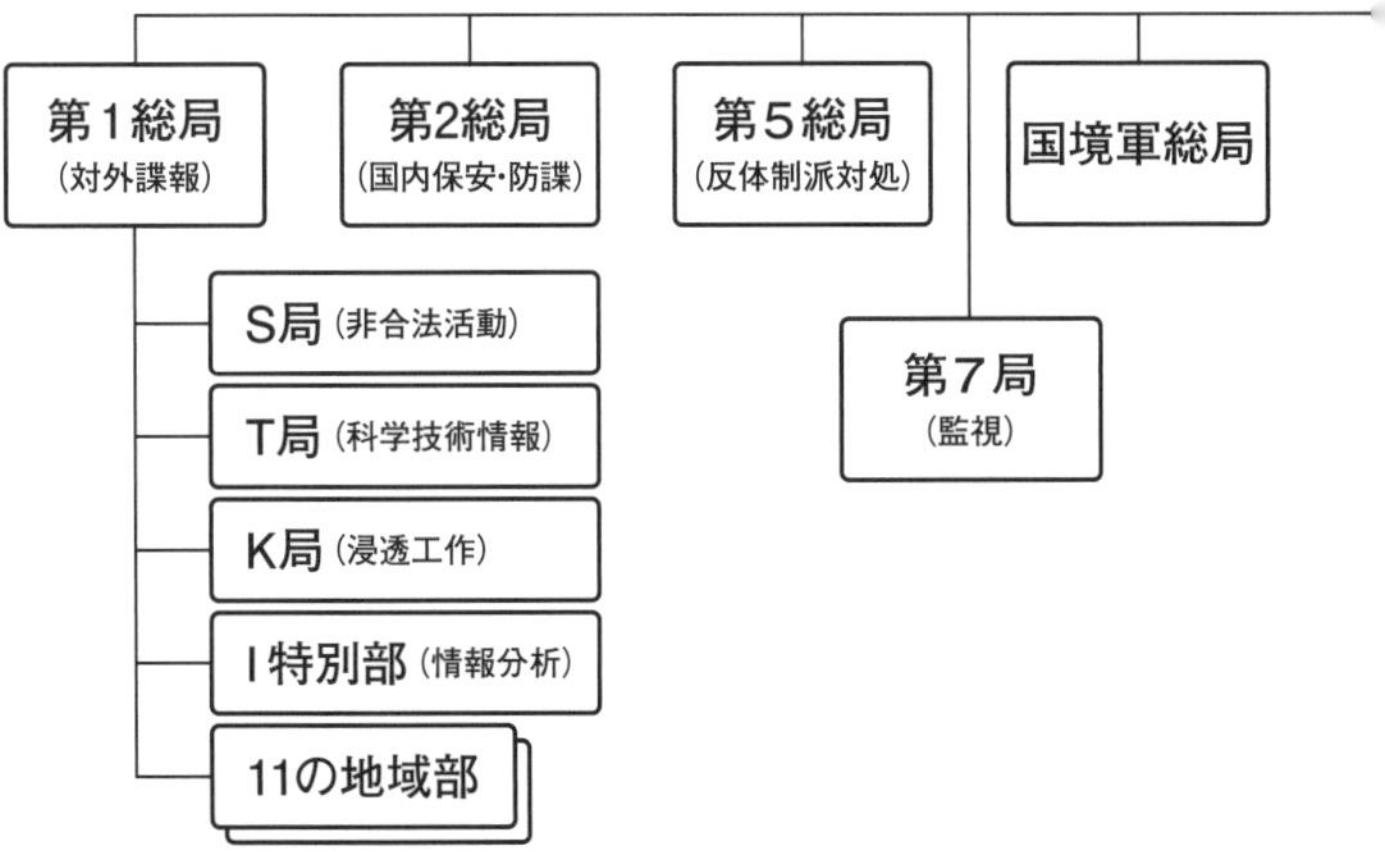

に電撃的に侵攻して占領した際には、ウクライナ政府のコンピューター網にサイバー攻撃が仕掛けられ、政府の機能がマヒしてしまったケースがありました。そこで今回も同じような攻撃が仕掛けられるのではないかと危惧されていたのですが、それほどの被害が出ないで済んでいます。2014年以降、アメリカがサイバー攻撃を防ぐ技術や装備をウクライナに提供していたからです。つまり、ロシアのサイバー攻撃は、アメリカが供与した技術や装備によって防がれたというわけです。

実際、どの程度の攻撃が行われたのか。たとえばマイクロソフトは2022年4月27日に、ロシアが行ったサイバー攻撃に関するレポートを出しています。そのレポートによれば、ロシアは実際の侵攻前から、積極的にウクライナのインフラに対するサイバー攻撃を加えていました。わかっているだけで実に237回の攻撃を行い、そのうち約40件はウクライナの数百のシステムファイルを破壊・抹消したと報告されています。

さらにロシアは原発などの発電所、空港などにサイバー攻撃を加え、その直後にミサイルなどの実際の攻撃を加えていたこともわかっています。おそらくこれは、サイバー攻撃だけではインフラ機能を破壊しきれなかったので、実際の火力による攻撃、つまり物理的な破壊に切り替えたのでしょう。

2014年とは違い、ウクライナがロシアのサイバー攻撃を防御できたのは、アメリカが提供した「相応の備え」があったからこそです。

アメリカは、2021年の10月から11月にかけて、陸軍のサイバー部隊やアメリカ政府が業務委託した民間企業の社員をウクライナに派遣し、ウクライナ政府のコンピューターシステム自体にコンピューターウイルスが忍び込んでいないかチェックしました。その結果、鉄道システムに「ワイパー」と呼ばれるウイルスが潜んでいるのを発見、駆除しています。「ワイパー」は、普段はじっと潜んでいるだけですが、外部から指示を受けると突然作動し、システムを破壊するウイルスです。

ロシアがウクライナに侵攻した際、大勢のウクライナ国民が鉄道で避難しました。もしワイパーの存在に事前に気づかなければ、鉄道網は大混乱に陥っていたことでしょう。

イーロン・マスクが「スターリンク」を提供した

今回、ロシアのウクライナ侵攻で、ウクライナにとって極めて役立ったのは、アメリカのスペースXの最高経営責任者のイーロン・マスク氏が提供した「スターリンク」でしょう。「スターリンク」は、2000基を超える小型の通信衛星を低い軌道に乗せて地球を周回させています。この衛星群を使うと、ウクライナのどこにいても通信が途切れることはありません。

ロシア軍がウクライナに侵攻し、携帯電話の中継基地などを破壊したため、通信が難しくなりました。そこでウクライナの副首相がツイッター上でマスク氏に助けを求めると、いち早く通信が可能になるようにスターリンクの機器5000基以上が寄付されたというのです。

これにより、ウクライナ軍はどこにいても連絡が取れ、戦闘に大きく貢献しました。

実際の戦闘と同じくらい重要なのが情報です。侵攻開始当初から、ロシアは「ゼレンスキーは首都を捨てて逃げだした。国民を見捨てた」という偽情報をSNSやメディアによって拡散してきました。こうしたロシアの情報工作、世論や決定権者に対する影響力工作はソ連時代からの「得意技」で、KGB仕込みの工作戦術を、インターネットと組み合わせることで磨き上げてきました。その実態については第4章でも扱いますが、ウクライナ戦争においても当然、ロシア側の言い分を客観情報のように装って流したり、ウクライナの言い分を否定するフェイク画像をネット上で拡散したりするなどの情報戦を展開しています。ロシアの情報戦は、ウクライナの人々だけではなく、NATO諸国の国民はもちろん、日本や、いわゆる西側諸国全体をターゲットとしているのです。

もしスターリンクがなく、ウクライナ発の情報が国民に届かなければ、ウクライナ国民は戦意を喪失していたか、ゼレンスキーを敵視するようになっていたかもしれません。あるいは周辺国も、ウクライナへの支援を打ち切っていた可能性があります。しかしゼレンスキーは、「私は首都にいる」と他の閣僚と一緒にスマートフォンを使って「生中継」し、ウクライナ国民だけではなく、ウクライナを支援する各国の人々を安心させました。ロシアの偽情報を自らの情報によって打ち消すという、ウクライナ戦争の情報戦を象徴するような場面でした。ゼレンスキー大統領による日々の発表が、途絶えることなく国民に、あるいは全世界に届いたのは、スターリンクの働きがあったからなのです。

さらに2022年3月にゼレンスキーが降伏を呼び掛ける偽の動画が、ロシアのSNSで拡散されるという出来事もありました。実際にゼレンスキーが喋っているかのような、一見しただけでは見分けのつかない動画です。こうした動画や画像は「ディープフェイク」と呼ばれ、新たな戦争の武器になるだろうとかねて指摘されてきました。「ゼレンスキー降伏勧告動画」は、誰が作ったのか明らかになっていませんが、当然ながらロシアの関与が疑われています。

これまでにも、オバマ大統領やトランプ大統領が実際には言ってもいないセリフを話しているかのような偽動画が作成されてきましたが、まさにこのゼレンスキー動画は、ディープフェイクが「実戦投入」された事例となりました。ただ、これもゼレンスキー自身が「偽物だ」と発信したことで事なきを得ました。もしこうした発信がなければ、戦況が大きく変わっていた可能性さえあります。

さらには、ウクライナの人々が地下壕や地下鉄に避難を余儀なくされている実態、自分の部屋から爆音が聞こえる動画などを、自分のスマートフォンから発信したことも、国際世論に対する強いアピールになりました。戦時の情報戦は、インターネットやスマートフォンによって、個人個人が発信者となり、さらには工作のターゲットにもなるということを、このウクライナ戦争はまざまざと見せつけたのです。

マイクロソフトは2022年6月、「ウクライナの防衛—サイバー戦争の初期の教訓」というレポートを発表しています。ここでは「各国は最新テクノロジを駆使して戦争を行い、戦争そのものがテクノロジの革新を加速する」としたうえで、ロシア対ウクライナのサイバー空間の戦いから得られた結論を示しています。

レポートでは4つのポイントを取り上げています。第一に、先にも述べた「ワイパー」攻撃のような、事前に仕込まれた脅威を見つけることの重要性。第二に、肉眼で見えないサイバー上の脅威に対する防御を、AIなどを駆使して迅速に行うことの必要性。第三に、ウクライナ以外の同盟国の政府を標的としたサイバー上の攻撃やスパイ活動に対する警戒。そして第四に、サイバーを介したネットワーク、システムの破壊などの攻撃や情報窃取だけでなく、情報戦・影響力工作に留意することを挙げています。

国境もなく、目に見えない状態で日常的に行われているサイバー空間でのつばぜり合い。実際の戦地からは遠く離れている日本も、サイバー戦争については全く他人事ではありません。

特に四つ目の影響力工作には注目する必要があります。マイクロソフトの分析によれば、開戦後にロシアは自国を有利にするためのプロパガンダ情報を拡散し、その拡散度合いは開戦前と比べてウクライナで216%、アメリカで82%拡大した、と報告しています。しかも直接戦争にかかわる話題だけではなく、ロシアが「ワクチン脅威論」を流布し、他国の国民に自国政府に対する不信感を植え付けようとしていたことも指摘されています。

目に見えないサイバー空間で、実際に戦争を行っているわけではない国に対しても、日常的に攻撃が行われている実態――。ハイブリッド戦の時代は、軍事手段と非軍事手段の区別だけでなく、戦時と有事、さらには戦争当事国とそうでない国の境目をなくすものであり、攻撃対象も、かつてのスパイが工作対象とした政府や軍の要人、メディア関係者などに限らず、「一般市民」までも巻き込むものであることに留意しなければならない時代なのです。

ウクライナ国内でロシアのスパイ摘発

一方で、ウクライナ国内ではロシアのスパイの摘発に追われました。2022年7月には検事総長とウクライナの「保安局」の長官が解任されています。両氏が管轄する機関で60人以上がロシアに協力した疑いが出たため、その責任を取らされたのです。

解任された2人はいずれもゼレンスキー大統領の側近でした。ウクライナ政府にとっては大きな痛手でした。ゼレンスキー大統領は、国民向けのビデオ演説で、「国家反逆」などの疑いで、650件を超える捜査が進められていると説明しています。

保安局とはウクライナの情報機関。ソ連時代にはKGBでした。一方、ロシアの情報機関のFSBも、もともとはソ連のKGBです。いわば仲間同士でした。ウクライナが独立を果たした後も、ロシアのスパイだった局員が多数保安局の中に潜伏していたということなのです。熾烈なスパイ合戦の一端が見えました。

当初アメリカは、自らが摑んだロシアの軍事情報について、ウクライナに速報することをためらっていました。情報を加工しないでウクライナ側に伝えると、ウクライナ政府内に潜んでいるロシアのスパイが内容をロシアに伝えることで、ロシア内のアメリカの情報源が暴露されてしまうことを恐れたからです。ウクライナ国内でロシアのスパイ網が摘発されたことで、アメリカはロシアの軍事情報を速報するようになりました。

ロシアによるウクライナ侵攻でも、このようにスパイ活動が展開されていました。スパイ活動は、時として大きく報道されることがありますが、普段は目にすることがないものです。でも、スパイ活動によって世界史が大きく書き替えられたこともあるのです。第2章以降で、その実態を見ることにしましょう。

第2章

スパイとは何か

――ゾルゲ、キム・フィルビーら、スパイの肖像

ロシアで神格化するスパイ・ゾルゲ

「高校生の頃、ゾルゲのようなスパイになりたかった」

そう述べたのは、他でもないプーチン大統領です。子どもの頃、プーチン少年はKGB（国家保安委員会）にあこがれ、KGBレニングラード支局に行って、「KGBに入りたい」と言ったといいます。その際、応対した職員は、「KGBに入りたければ、以後二度とKGBに入りたいと言ってはいけない。KGBはKGBに入りたいという人間は採用しない。大学の法学部に入り、いい成績を収めれば、KGBの方から接触する」とアドバイスしたというのです。

アドバイスを受けたプーチン少年は猛勉強してレニングラード大学法学部に入り、いい成績を取ったところ、正体不明の男が接触してきたといいます。夢がかなったのです。プーチンは大学卒業後、KGBに入り、東ドイツで諜報活動を行います。

日本で国家安全保障局局長を務めた北村滋さんは、プーチンに会った際に「同じ業種の仲間だよな、君は」と声をかけられたそうです。これは北村さんが外事警察、つまり国内のスパイ活動や外国勢力を取り締まる職歴を持っていることを知っていたからでしょう。

プーチン大統領はまさに「大統領に上り詰めたスパイ」であり、大統領としての職歴の方が長

スパイ列伝 ❶

リヒャルト・ゾルゲ
(1895-1944)

ソ連のスパイ。1933年から1941年まで、ドイツ紙の記者を装い、元朝日新聞記者の尾崎秀実らとともに、日本で諜報活動を行った。ドイツと日本の対ソ参戦において、日本が東南アジアに進出する「南進」を選択し、対米開戦を決意するという情報をいち早くソ連に送るなど、戦局を左右する情報を摑んでいた。
(写真：AP/アフロ)

くなっても、プーチン自身は今も政治家ではなくスパイであることこそが本質だと考えているようです。

　そのプーチンがあこがれていたというスパイ・ゾルゲとはどんな人物だったのか。スパイの話をするためには、やはりゾルゲから始めなければなりません。

　スパイ・ゾルゲことリヒャルト・ゾルゲは、戦前の日本で活動したスパイです。実際は赤軍参謀本部（現在のロシア連邦軍参謀本部情報総局・GRUの前身）所属でありながら、ドイツ紙の記者を装って情報活動に従事し、元朝日新聞記者で日本政府に幅広い人脈を持っていた尾崎秀実《おざきほつみ》と組んで日本でソ連のための諜報活動に従事。日米開戦前の1941年にスパイであることが露見し、尾崎とともに処刑されました。

尾崎秀実の協力を得て、日本国内に諜報網を形成したゾルゲの最大の功績は、戦時中の日本軍が、ロシアを攻める「北進」ではなく、フィリピンやインドネシアに進出する「南進」を取り、日本が対米開戦を決意するとの情報をいち早くロシアのスターリンに送ったことでした。しかもこの日本政府の「南進の決意」自体に、ゾルゲの指示を受けた尾崎の働きかけの影響があったとも言われています。

また、ドイツ人記者を装って駐日ドイツ大使館に出入りし、オットー独大使に取り入りました。ドイツの公文書を自由に閲覧し、1941年のドイツのソ連侵攻計画をモスクワに送信しています。当時日本はドイツと同盟を組んでいましたから、日本で手に入るドイツの情報には価値があったのです。

ゾルゲがオットー大使に接近できたのは、オットー夫人とゾルゲが以前からの知り合いだったからですが、夫人とは男女の関係にあり、ゾルゲは二重の意味でオットー大使を裏切っていたことになります。しかしオットー大使はそうしたことに全く気づかず、ゾルゲがスパイ容疑で摘発された際には「まさか！」と狼狽《ろうばい》したそうです。

ゾルゲは、日本で諜報網を張り巡らせて得た極秘情報をオットー大使にも伝えていました。これで大使の信頼を獲得していたのです。日本そしてドイツに関する情報を得たゾルゲは、自宅から無線機でソ連に情報を送っていました。

そのゾルゲが近年、ロシアでブームになっています。２０１６年に開通したモスクワ市内を走る地下鉄の新駅が「ゾルゲ駅」と名付けられました。カリーニングラードなどの都市には「ゾルゲ通り」も出現。２０１９年にロシアの国営テレビが「ゾルゲ」という連続ドラマを制作したのに続き、映画が公開され、銅像や胸像の設置も増えているそうです。

日本にとっては、国家の中枢の判断を歪ませ、情報を他国に流したスパイですが、ロシアにとってはソ連時代に国家に殉じた英雄です。プーチンは「あこがれだった」と明かしたゾルゲの功績を称えることで、情報活動の重要性や、それに従事する人の忠誠心が、今のロシアでも重要であることを示したいのでしょう。

ゾルゲは日本で処刑され、東京の多磨霊園に墓地があります。11月7日の命日には、在日ロシア大使館員や駐在武官が墓参りに訪れています。日本国内で外国のスパイを監視している公安警察は毎年、多磨霊園をウォッチし、ゾルゲの墓参りに訪れた人物を「スパイや情報員」としてチェックしているという話まであります。

モスクワのゾルゲ駅
（写真：TASS/ アフロ）

スパイとはどのような人物か

ゾルゲは日本国内で得た極秘情報を扱う優秀なスパイでしたが、普段は一体どんな人物だったのでしょうか。

スパイが身元を隠すために作る偽の経歴のことを「レジェンド」や「カバー」といいます。ゾルゲはドイツ紙の記者が「レジェンド」でした。スパイも情報収集が仕事ですが、記者も様々な人に会って、広く情報を収集するのが仕事です。スパイがレジェンドにするには、記者やジャーナリストという経歴は使いやすいものでした。

ただ、現在のアメリカは、CIA（中央情報局）職員などのスパイに記者をレジェンドにしてはいけないという規定を設けています。それは、記者の中にスパイがいるとなれば、海外に派遣されている本物のアメリカ人の記者が、スパイだと疑われて処刑・国外追放などの目に遭いかねないためです。

ゾルゲはオットー夫人と男女の仲になっていましたが、他にも複数の女性との間で浮き名を流すプレイボーイでした。さらには大酒飲みで社交的。「まさかこんなに大っぴらに動き回っている人間がスパイのはずがない」と思わせるためにそうしていた可能性もありますが、とにかく派手で目立つ男だったようです。

ゾルゲが籠絡した1人に、「ソーニャ」というコードネームを持つユダヤ系ドイツ人の女性スパイがいます。本名はウルスラ・クチンスキーです。彼女はドイツ共産党に入党しましたが、ナチス台頭によって共産党排斥の空気が強まったドイツから、上海に移り住んだところでゾルゲに出会い、ゾルゲはソーニャを上海スパイ網に組み込みます。そして、夫と子どもがいたにもかかわらず、愛し合う仲に。ゾルゲが日本に渡ったことで2人の関係も終了しますが、その後ソ連に渡ったソーニャはスパイ養成学校に入校し、GRU所属の正式なスパイとなります。そしてソーニャはスイスでの対ナチス諜報活動や、イギリスでの核開発情報の入手などで活躍します。

ゾルゲとしてはソーニャとの関係もスパイ網構築のためだったのかもしれませんが、その後、ソーニャ自身が正式なスパイになってしまうのですから、ゾルゲとの出会いが彼女の人生に多大な影響を及ぼしたことは間違いありません。ゾルゲという人物は女性から見てもそれほどまでに魅力的な人物だったのでしょう。

戦後、ゾルゲは多くの小説や映画の題材になりましたが、それはスパイという特殊な世界で生きる人間だったことや処刑という劇的なラストを迎えたことにあったのではなく、普段は社交的で艶《つや》っぽい話も多かったという、その二面性やドラマ性に惹かれる人が多かったからでしょう。

本来、スパイは地道に情報を収集し、分析するのが仕事です。CIAのスタッフも、私たちが思うような「筋骨隆々で、殺人術に長《た》けた武闘派」などではなく、いかにも青白きインテリといった風情の人物が多いといいます。CIA職員の中には、情報を収集したり、他国内で諜報網を形成したりする工作責任者（ケース・オフィサー）として現地での協力者（エージェント）を作る任務を遂行する人よりも、そうして各地で集めてきた情報を分析・評価する任務に就いている人の方が多いのです。

情報収集に当たるスパイであってもゾルゲのような目立つスパイは珍しく、実際には極めて地味で、目立たない人物がケース・オフィサーやエージェントとして活動しています。もちろん、その身分や経歴は外交官や大使館職員、駐在武官（日本では防衛駐在官）や、ビジネスマンなどといったレジェンドを装っており、スパイであることは周囲にはみじんも感じさせない振る舞いをしています。

以前、私がインタビューした元CIA工作員は、快活な好人物でした。目立たないながら、話をすればつい話し込んでしまうようなタイプでした。私たちはスパイというと、映画『007』シリーズのジェームズ・ボンドのような、いかにも切れ者で屈強でありながら、どこか陰のある魅力的な人物を想像してしまいますが、元CIA職員に言わせれば「スパイは目立ってはいけない」ことが鉄則だそうです。

そしてスパイに必要なのは「対象に取り入るために、自分とは別の人物になりきる能力」。つまり、レジェンドを徹底的に演じきる能力であり、対象に胸襟《きょうきん》を開かせる能力です。「これと言って特徴のない、地味な印象だが、非常に温和で、なにせ聞き上手。会ってからそれほど時間がたっていないのに、家族の話や交友関係、さらには自分を正当に評価してくれない職場の愚痴にまで辛抱強く耳を傾け、励ましてくれる。だから気をよくして、会社が始めようとしている新事業のことまで、ついつい喋りすぎてしまった」

もしあなたがこんな経験をしていたとしたら、その相手は「スパイ」かもしれません。まさか、と思うでしょうか。「スパイなんて、映画の中の話でしょ」「自分が狙われるわけがない」「あんな地味な人がスパイ?」などと思った方は要注意です。

スパイは家族にも自分の任務を話すことができません。家族でもわからない素性を、工作対象とされた人物が見破るのは至難の業《わざ》なのです。

私は、ソ連のKGBのスパイとして、ソ連の通信社の記者をレジェンドにして日本で活動していた人物にも話を聞いたことがあります。記者としての仕事をしながらスパイ活動をするのは大変な重圧だったそうです。日本国内で人脈を形成することで、自分を信頼する人が増える一方で、実際は、その人を欺瞞《ぎまん》して情報を収集するために利用しているわけですから、そんなことをする自分への自責の念に苛《さいな》まれることも多く、ストレスが大きかったというのです。彼は、それに耐えきれずにアメリカに亡命してしまうのですが、ソ連に戻った同僚たちの中には、精神的重圧から心を病む人もいたそうです。スパイも人間なのですね。

スパイが最も活躍するのは、戦争などの国家の行く末を左右するような時ですが、戦前の日本もスパイによる諜報活動の標的となり、また自らも諜報活動を行っていました。

そもそも国同士が外交関係を持ったり戦争をしたりする以上、相手の国の事情を知っておく必要があります。『旧約聖書』にもスパイ活動の話が出てきますし、古代ギリシャでもローマでもスパイ活動はつきものだったのです。

暗号解読の犠牲になった山本五十六

敵国の通信情報の傍受や暗号解析によって得たインテリジェンスをシギントと呼びます。このシギントによって命を落としたのが、日本の連合艦隊司令官で海軍大将だった山本五十六《やまもといそろく》です。1943年、前線基地を視察するためにラバウルからブーゲンビル島を経てバラレ島基地に赴く視察計画が暗号文で打電されましたが、アメリカ軍に傍受・解読され、視察経路と予定時刻が知られてしまい、ブーゲンビル島上空で撃墜されたのです。この事件は海軍甲事件と呼ばれます。

どの国も軍の行動は暗号化された通信を使っていましたから、発信側は暗号を解読されないように、また傍受側はそれを解読できるように、互いに必死になって通信傍受・解読と暗号化に勤しんでいました。

この時アメリカ軍は、自軍の戦闘機があらかじめ待ち構えていたことが日本側に知られると、日本軍の暗号がアメリカ側に解読されていることがわかってしまうと考えました。そこで「たまたまパトロール中の米軍機が山本の搭乗機と遭遇して撃墜した」と日本側に信じ込ませるため、翌日以降も、同じ場所をアメリカ軍の偵察機にパトロールさせていたそうです。

また、アメリカは山本暗殺計画を立てる際、「もし山本を亡きものにしたらどうなるか」を検討したといいます。つまり、アメリカとしては山本五十六の戦術については十分研究を積んでいたので、山本を暗殺した後、山本より能力の高い人物が後継者になってしまうと困ると考え、後継者になりそうな人物は誰かを調べたというのです。その結果、「山本より優秀な人物である山口多聞《やまぐちたもん》という将校は既に死亡しており、山本以上の人物は存在しない」という情報を確認して、暗殺計画にゴーサインを出したといいます。当時のアメリカの情報力、いや諜報力を物語るエピソードです。

ナチスドイツを欺いたイアン・フレミングの奇策

スパイの任務には、ヒューミントやシギントによる情報収集の他にも、相手に偽情報を摑ませる欺瞞工作や、政権転覆を引き起こす政治工作などといったものが多々あります。政治工作については冷戦下で起きた事件を多くご紹介しますので、ここでは戦前に実際に行われた驚くべき欺瞞工作を挙げましょう。

第二次世界大戦中、イギリスの諜報機関MI5（保安部、国内の諜報を担当）が、ナチスドイツのヒトラーを欺《あざむ》くために、まるで小説のような作戦を立てます。

1943年、イギリス軍は、欧州を席巻したドイツ軍に一矢報いるため、イタリアのシチリアに上陸する計画を立てます。しかし、当然のことながらドイツ軍もこれを予測。大部隊をシチリアに集結させ、イギリス軍の上陸に備えていました。このままシチリアに上陸すれば、イギリス軍は壊滅的な損害を被《こうむ》ることになる。どうすればイギリス軍を安全にシチリアに上陸させることができるのか。そこで考えたのが、「実はイギリス軍はギリシャに上陸する極秘作戦を計画しているのだ」とドイツに思い込ませることでした。

しかし、どうすればそんなことが可能になるのか。そこで考案された秘密作戦が「オペレーション・ミンスミート（ミンスミート作戦）」でした。ミンスミートとは、イギリスの保存食で、ドライフルーツやナッツなどを砂糖やスパイスと一緒にブランデーなどで漬け込んだもの。肉の保存方法としても使われていました。「一体どうしてこんな名前に？」というその理由は、作戦の中身を知ればわかります。

作戦の中身は、こういうものでした。

「ギリシャ上陸作戦という偽の文書を持ったイギリス海軍の将校が飛行機事故で海に墜落。溺死してスペインの海岸に流れ着く。その偽文書をドイツが手に入れ、イギリス海軍がギリシャから上陸するとドイツに信じ込ませる――」

溺死体（肉）を保存して使う……だから「ミンスミート」作戦になったんですね。

この作戦を成功させるために、MI5はまず海軍将校として違和感のない年頃・背格好の男性の遺体を探し出し、溺死体に仕立て上げます。文書だけでなく、偽の経歴と身分証を作り、偽の恋人宛のラブレターと写真まで持たせる念の入れようでした。さらには、「大事な文書の行方がわからなくなった！」とイギリス海軍が慌てて回収に当たっているかのような演技まで行い、それが本物であるかのように見せかけたのです。

結果、ドイツは文書の内容を信じ、シチリアを手薄にしてギリシャの防御を固めます。それによってイギリスは見事、シチリアから上陸できたのです。

この作戦はもともと、小説にヒントを得て立てられた作戦です。そのアイデアを出したのは、小説『007』シリーズの著者イアン・フレミングです。イギリス海軍の課報員として働いていたフレミングは、戦後、その経験をもとにスパイ小説を執筆し、世界で最も有名なスパイのキャラクターであるジェームズ・ボンドを生み出しました。

ジェームズ・ボンドはMI6（秘密情報部）所属。MI6は、現在はSISが正式名称ですが、愛称としてMI6と呼ばれています。

MI6の任務は対外諜報活動。海外でイギリスの国益につながる情報を集めたり、現地の協力員や諜報網を作ったりする仕事に従事します。しかしMI6の存在は長らくイギリス国民にさえ知らされておらず、1962年に初めて『007』シリーズが映画化されてから、国民に知られるところとなりました。イギリス政府が正式にその存在を認めたのは、なんと1994年のことでした。

『007』の「00」は、作中では「殺しのライセンス」、つまり任務遂行のためには殺人も許された許可証を持つ諜報員を表すナンバリングだとされていますが、実際にはもちろん「殺人許可証」は存在しません。

しかし第二次世界大戦後、世界各地で『007』顔負けの情報工作や政治工作での戦いが展開されます。つまり、「殺しのライセンス」こそ実在しませんが、政権転覆や暗殺支援、ゾルゲのようにターゲット国の中枢に入り込み情報を得るスパイは実在し続けてきました。私たちが現代史や国際政治ニュースで見聞きしてきた出来事の裏には、必ずと言っていいほど彼ら……つまりスパイの存在があったのです。

東西冷戦で激しいスパイ合戦へ

1945年、第二次世界大戦が終結しましたが、スパイの世界は「戦争が終わってホッと一

〈イギリスの情報機関〉

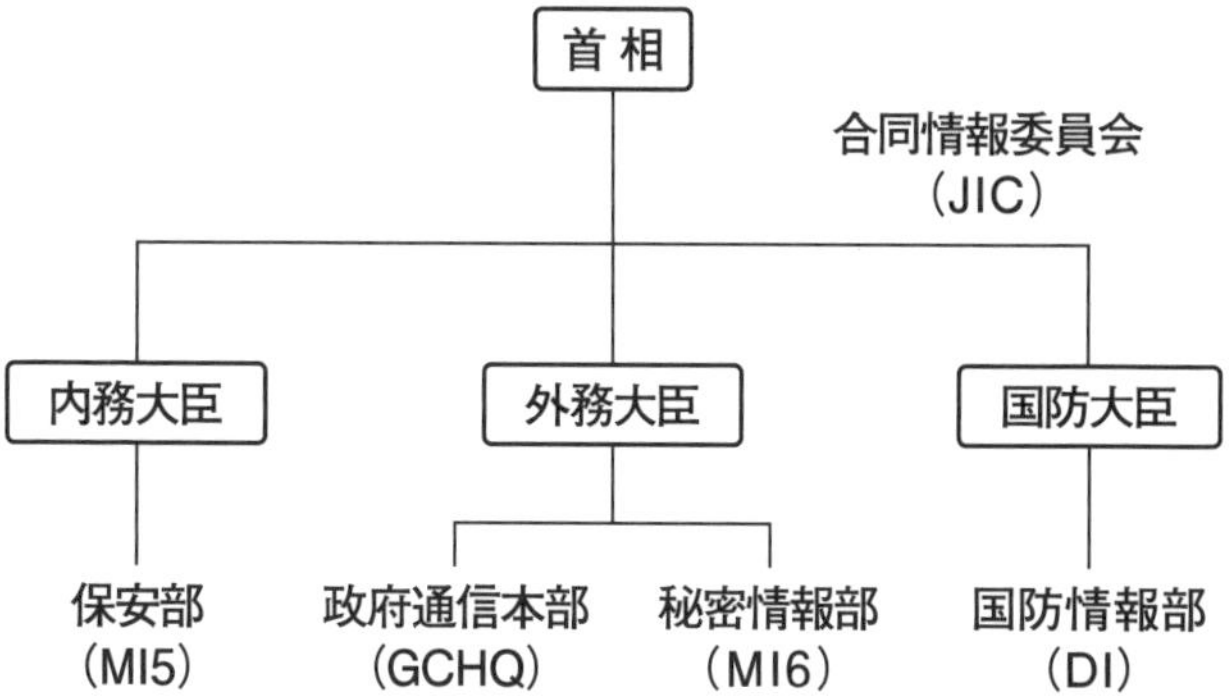

出典：『インテリジェンスの世界史』

息」という情勢では全くありませんでした。アメリカとソ連という二大戦勝国が、「資本主義対共産主義」というイデオロギーによって対立することになったからです。

「共産主義」とは、私有財産を廃し、全てを公有化することで格差をなくし、経済の混乱を解消するという理想論で、みんなが平等になれば争いもなくなるので、国家の必要がなくなるという思想です。つまり「共産主義国家」という言い方は間違いなのです。共産党が政権を取った国家は、共産主義を理想としつつも、まずは共産主義の前段階の社会主義を目指します。これが「社会主義国家」です。しかし、そのためには、まずは全ての産業を国有化し、国家がすべてを管理します。

1917年のロシア革命によって成立したソ連（ソヴィエト社会主義共和国連邦）は、革命が成功するや、多数の資本家を処刑します。ロシア皇帝・ニコライ2世一家が処刑されるなど、多くの血が流れ、内戦に発展したこともあり、6000万人もの死者数を出したと言われています。西側諸国にとっては「社会主義が席巻すれば、資産家や資本家は社会から抹殺されるのではないか」という脅威でした。また、ソ連は世界全体を共産主義にしようと考え、コミンテルン（世界共産党）を設立し、世界各地に支部を結成していきます。そのうちのコミンテルン中国支部が中国共産党であり、日本支部が日本共産党です。

世界が共産化されると、資本家は皆殺しになる。資本主義各国の政治家たちは恐怖を覚えますが、ナチスドイツと戦うために、やむを得ずソ連と協力関係を維持し、連合国として共闘しました。ところが、第二次世界大戦後、東ヨーロッパ諸国はソ連の勢力圏に入り、共産党（共産党の名称を使わない政党もあったが）の独裁国家ばかりになっていきます。言論の自由はなく、反政府勢力は容赦なく弾圧されます。アメリカをはじめ西欧諸国は、ソ連という極めて異質な国家に対して一層恐怖を抱くようになります。

　両国は武力による直接の殺し合い、つまり戦争こそしませんでしたが、アメリカを中心とする西側とソ連を中心とする東側の間で、スパイが暗躍する情報戦や政治工作による、水面下での激しいつばぜり合いと、世界中に味方を増やすための「陣取り合戦」が行われました。スパイの活動範囲も米ソ両国のみならず、世界中に

〈CIAの組織図〉

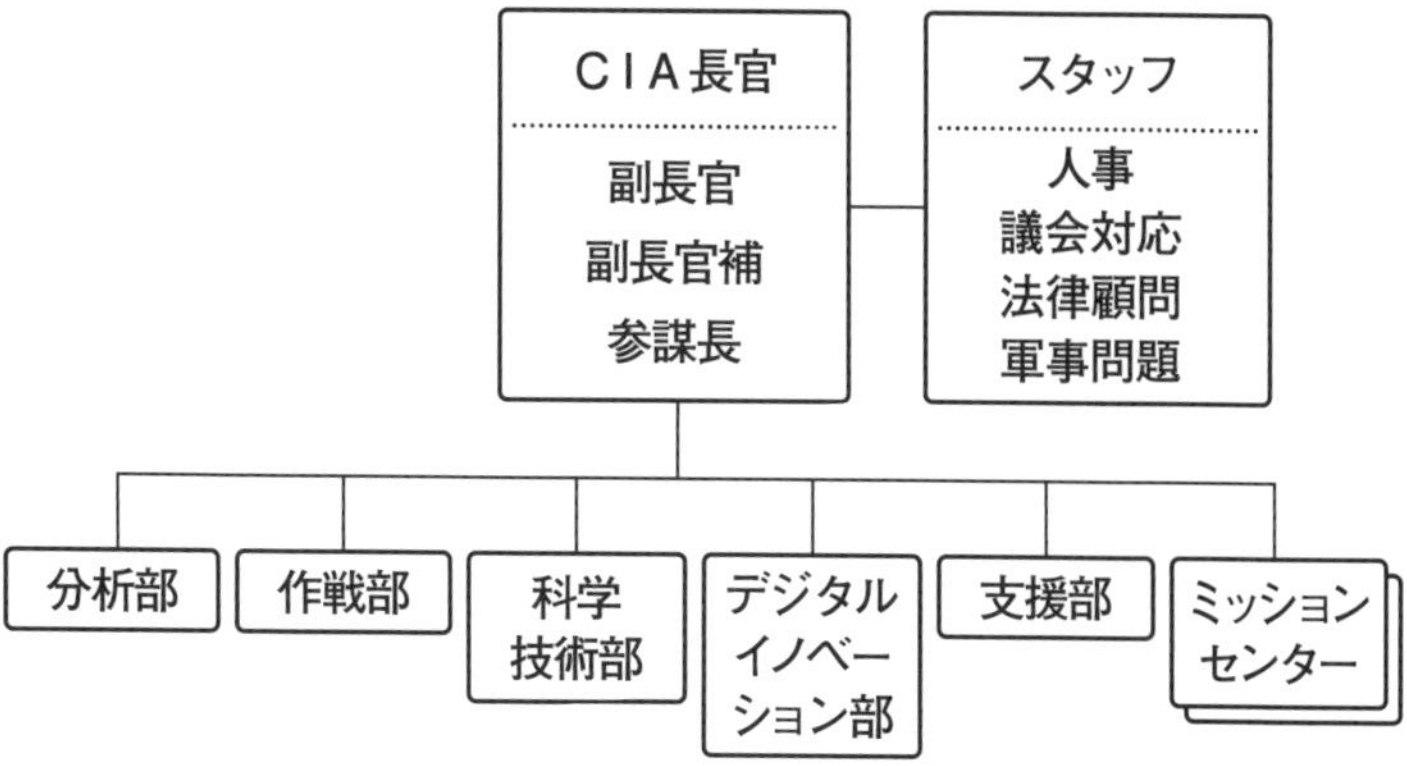

出典：『インテリジェンス用語辞典』

広がっていき、東西冷戦の対立が激しくなっていきます。

そこでアメリカは第二次世界大戦中に存在していた戦略諜報局（OSS）を前身とする、中央情報局（CIA）を1947年に設置します。CIAの最大の目的は「第二のパールハーバーを防ぐこと」。そのために情報・諜報活動を行い、ソ連よりも有利な状況を作り出そうとしました。

対するソ連側は、大戦中から様々な情報・インテリジェンス活動を行ってきたソ連国家保安委員会（KGB）がこれを迎え撃ちます。冒頭でも触れましたが、ロシアのプーチン大統領がこのKGB出身なのは有名な話ですね。実はソ連は、第二次世界大戦で連合国側としてアメリカと一緒に戦ったにもかかわらず、大戦中からアメリカ共産党などを利用し、アメリカ内部にスパイを送り込んでいました。あとになってわかったことですが、アメリカ政府の高官の中にもソ連に通じているものが複数いたのです。各地に共産党組織を作り世界革命を企図していたソ連は、東欧諸国を抱き込み、東ドイツまでを勢力圏とする「鉄のカーテン」を引きました。人も情報も自由には行き来できない壁を作り、西側からの干渉を防ごうとしました。

戦前に欧米列強の植民地になっていたアフリカやアジアの国々では独立戦争が起きたり、米ソそれぞれが支援する勢力や衛星国と言われる国々の間でも「代理戦争」が起きたりと、国際社会では一層東西の対立が深まっていきました。代理戦争として最も日本にとって身近なのが1950年から始まった朝鮮戦争でしょう。

冷戦の遺物となってしまった朝鮮戦争

朝鮮戦争は1950年に、ソ連から朝鮮半島に戻った北朝鮮の金日成《キムイルソン》と、アメリカに留学していた李承晩《イスンマン》の間で起きました。北朝鮮による奇襲攻撃をCIAは事前に察知することができませんでした。北朝鮮は侵攻に際してソ連のスターリンに許可を求めていました。しばらく侵攻許可を出さなかったスターリンがゴーサインを出したのは、アメリカの国務長官だったアチソンが「アメリカはアジアを守る。（極東の防衛線は）アリューシャン列島、日本本土、琉球列島、フィリピンだ」と述べ、朝鮮半島の名を挙げなかったことにあると言われています。この発言が、「朝鮮半島で戦争が起きても、アメリカは介入しないだろう」と思わせてしまったと見られているのです。

のちにアメリカは朝鮮戦争に介入しますが、トルーマン大統領はアチソンではなく、事前に北朝鮮の動きを察知できなかったCIA長官をクビにします。CIA内部では「北朝鮮による奇襲の可能性あり」という情報が上がっていたにもかかわらず、長官がこの情報を軽視していた、という指摘もあります。結果的に、介入したアメリカは3万3000人の兵士を失うことになります。

中ソが支援した北朝鮮と、アメリカが支援した韓国の戦いである朝鮮戦争は、開戦から70年以上たった現在も「休戦」にとどまっており、終戦していません。まさに「冷戦の遺物」と言えるでしょう。

この頃、アメリカ政府は国家安全保障局（NSA）も設置します。世界中で無線や電話の盗聴や傍受をする専門組織です。

さらにアメリカは1954年に、イギリス、カナダ、オーストラリア、ニュージーランドとUKUSA《ユーキューサ》同盟を結び、ソ連をはじめ東側諸国と戦う体制を整えていきます。日本の三沢基地にもエシュロンと呼ばれる大型のアンテナとそれを隠すドームがいくつも置かれています。ここでアメリカが傍受した通信情報の一部が、このアングロサクソン系の5つの国からなる「ファイブ・アイズ」と共有されています。NSAやUKUSA同盟諸国が扱っているのが、先にも登場したシギント情報です。

軍事的には、1949年に締結された北大西洋条約に基づき、アメリカとヨーロッパの西側諸国がソ連の脅威に備えた軍事同盟NATO（北大西洋条約機構）を発足させます。1955年に西ドイツがNATO入りすると、ソ連側もワルシャワ条約機構を発足させ、ヨーロッパがまさに東西に分かれて軍事的に対立することになります。ワルシャワ条約機構は、ポーランドのワルシャワで結ばれた条約に基づくのでこう呼ばれますが、本部はソ連のモスクワにあり、ソ連軍主体の軍事同盟です。

これが2022年に起きたロシアによるウクライナ侵攻と、ウクライナを支援するNATOの対立の原点です。

核開発競争の裏で暗躍する二重スパイ

では、冷戦構造は戦後、どのように形成されていったのでしょうか。スパイの動きから見てみましょう。

スターリン率いるソ連は、東欧の国々に社会主義を信奉する政権を強引に打ち立て、資本主義の思想が入ってこないように情報をコントロールしていました。そして「社会主義よりも、資本主義の方が素晴らしい」などと言い出す者がいないように徹底した監視を行い、「社会主義には平等を実現する高い理想がある。資本主義のように堕落

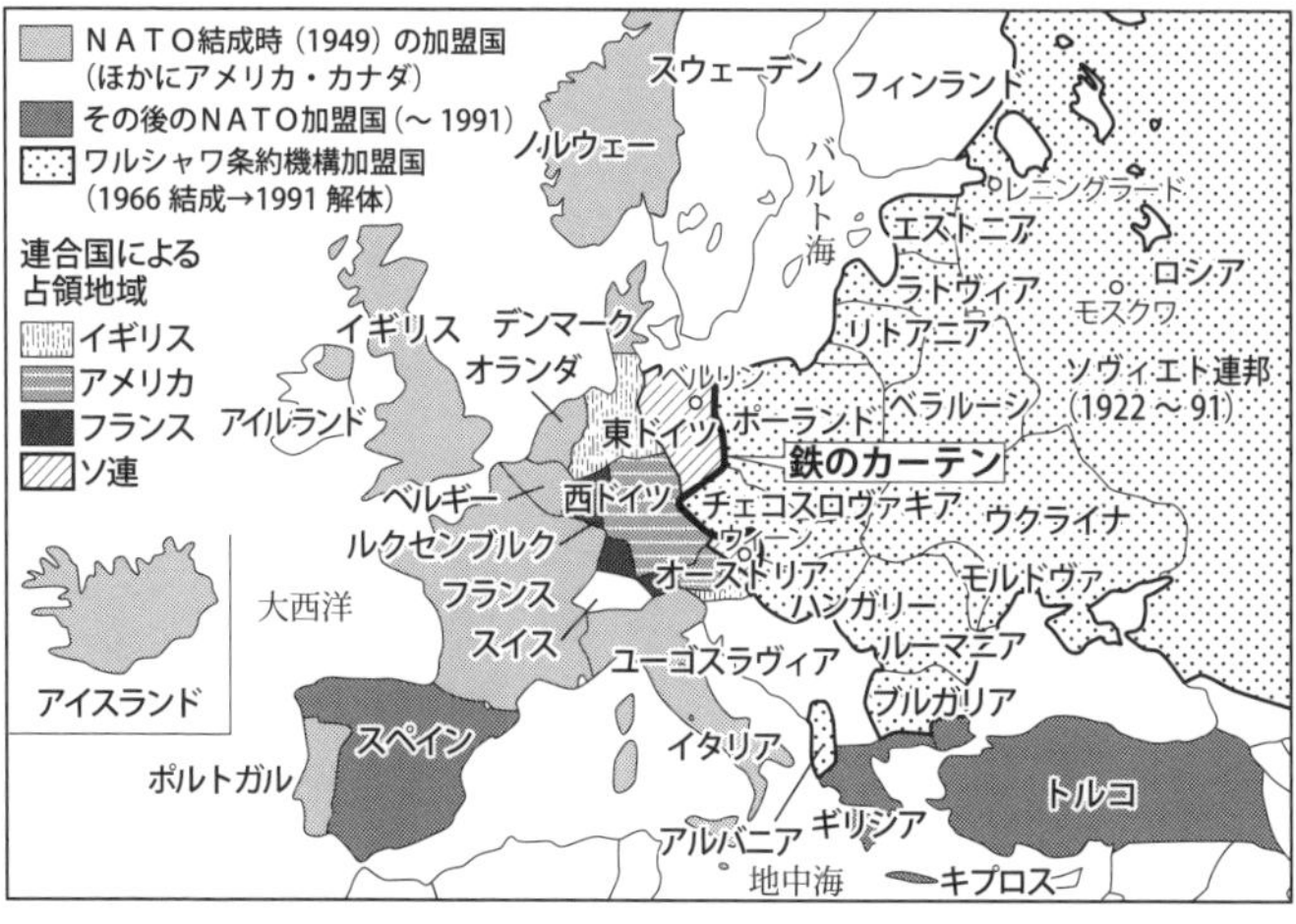

冷戦時代のヨーロッパ
（参考：『最新世界史図説 タペストリー 二十訂版』帝国書院）

していない」と宣伝したのです。

そのため、社会主義諸国では社会主義批判や資本主義礼賛などの言論の自由が制限されましたが、資本主義の国々、つまり西側の人たちの中には社会主義にあこがれ、傾倒する人たちが出てきました。そうした人たちの一部には、西側にいながらソ連に機密情報を渡し、仲間を増やすための宣伝に加担するスパイもいたのです。

代表的な「西側出身でありながらソ連に加担したスパイ」として挙げられるのが、ケンブリッジ・ファイブと呼ばれるイギリス人のグループと、ユダヤ系アメリカ人のローゼンバーグ夫妻です。彼らが社会主義に魅せられたのは第二次世界大戦中でしたが、戦後、ソ連側のスパイであることが発覚し、世の中をあっと驚かせることになります。

ケンブリッジ・ファイブとは、1920年代から1930年代にかけて、イギリスのケンブリッジ大学で学んだ優秀なエリートでありながら、ソ連寄りの情報員や勧誘員として働いていた5人を指します。

特に有名なのはキム・フィルビーです。彼はまず記者として活動した後、なんとイギリスの情報機関であるMI6に入ります。彼は優秀だっただけに、長官候補にまでなりましたが、偉くなればなるほど、高度な情報がソ連に流れていくことになります。実際に、彼はソ連国内に張り巡らされたイギリスのスパイ網についての情報を横流ししていたのです。それを知らされたソ連は、

スパイ列伝 ❷

キム・フィルビー

（1912-1988）

イギリスのMI6に所属したソ連の二重スパイ。ケンブリッジ・ファイブの1人。ケンブリッジ大学在学中に共産主義思想に惹かれる。大学卒業後、ジャーナリズムの道に進むが、ソ連の諜報機関に勧誘されスパイ活動に従事することに。その後、MI6に所属し長官候補にまで上り詰める。スパイ容疑が発覚し、ソ連へ亡命。
（写真：AFP＝時事）

ケンブリッジ・ファイブの4人
（写真：TopFoto/アフロ）

有罪判決を受けたローゼンバーグ夫妻
（写真：GRANGER.COM/アフロ）

当然、国内のイギリスのスパイを次々に摘発、処刑します。イギリス側は、こうした事例があまりにも続くので「どうもおかしい」「どこからか情報が漏れているのではないか」と考えるようになりました。

そこでイギリス国内の防諜を担当するMI5が調査したところ、「どうもキム・フィルビーが怪しい」となり、横のつながりを追ってみたら、ケンブリッジ大学の学生だった5人が浮上してきたというわけです。

ちなみに5人のうちの1人、ガイ・バージェスはBBCに勤務しながらスパイ活動に従事し、政権中枢にまで取り入りましたが、スパイであることが露見しソ連に亡命しました。キム・フィルビーもスパイ容疑が発覚したのち、ソ連に亡命しています。その功績が称えられ、ソ連では「KGBに貢献した」との理由で顕彰されたほどです。

祖国や同じ組織の同僚を裏切るほどの強い動機がどうして生まれたのか。一説には、祖国への幻滅とコミンテルンの工作によって社会主義のイデオロギーに染まったことが理由とされています。当時、社会主義の理想は、それほどまでに魅力的なものだったのですね。

ローゼンバーグ夫妻は、戦前のアメリカの原子力開発情報をソ連に流していました。これには多くの工作員や科学者がかかわっていました。原子物理学の学者で、アメリカの原爆を開発するマンハッタン計画に参加していたクラウス・フックスという人物も、開発情報をソ連に提供します。

当時のアメリカは、イギリスやカナダなどの同盟国からも原子力の科学者を集めていたので、その中にはソ連寄りの人物やスパイも混じっていました。

彼が逮捕されると、「原子力スパイ事件」が明るみになり、ロシア系アメリカ人科学者のゴールド・ハリーや、ローゼンバーグ夫妻、そして妻、エセル・ローゼンバーグの実弟であるデイヴィッド・グリーングラスらが次々とFBI（アメリカ連邦捜査局）に逮捕されます。お互いの証言によって、「原子力情報の漏洩に関与していた」とみなされたからです。

ローゼンバーグ夫妻は関係者の自白だけで逮捕されたにもかかわらず、有罪となり処刑されました。しばらくは冤罪説が飛び交いましたが、ソ連崩壊後にアメリカが解読した暗号文書である「ヴェノナ文書」によって、夫妻がソ連のスパイであったことが確認されました。

なぜ夫妻をはじめ、彼らは原子力情報の漏洩に加担したのか。社会主義に対する憧憬や祖国への幻滅もあったのでしょうが、「アメリカだけが核を持つのは危ない。ソ連も核兵器を持つべきだ」と考えたからです。

余談ですが、戦後、ソ連が核実験に成功して核兵器を持つと、それまで核兵器に反対していた日本共産党が「ソ連の核はきれいな核兵器だ」と言い出し、すべての核兵器に反対する社会党と対立することになり、核兵器反対運動は原水爆禁止日本協議会という共産党系と、原水爆禁止国民会議という社会党系に分裂しました。今はさすがにそんなことを言う人はいなくなりましたが、

1950年代当時は「社会主義の原爆は正義の原爆、きれいな原爆」と言い張る人が、日本にもいたのです。

結成当初は武力革命も辞さないとしていたソ連共産党は、その後、第二次世界大戦でナチスドイツや日本と戦うために手を組んだことで、「さすがにアメリカで武力革命を起こすのはまずいだろう」と考え、コミンテルンつまり世界共産党を一度解散させます。戦後は、コミンフォルム（共産党・労働者党情報局）という形で、世界中の共産党が連絡を取りながらも個々に、自分の国で革命を起こすべきだ、という方針に変わりました。それぞれの国で革命を起こすのであれば、そのための支援は惜しまない、としたのです。冷戦期、ソ連は経済的余裕がなかったにもかかわらず、各国の共産党組織を物心両面から支援していました。

インテリを魅了した「社会主義」

労働者の権利を守り、王制を倒して人民の国を作るという社会主義の考え方は、多くの人々、特にインテリには魅力的に映りました。

これほど「魅力的」な社会主義の思想を前に、アメリカ側はどう対抗したのでしょうか。「資本主義は素晴らしい」「社会主義は失敗する」という宣伝工作を大々的に行うようになりましたが、それでもソ連側についてしまう国が出ないように、国際戦略を練ることになります。

そこで大きな役割を果たしたのが政策企画部本部長を務めていたジョージ・F・ケナンです。彼はアメリカの外交問題評議会が発行する「フォーリン・アフェアーズ」誌に、Xという匿名で「ソヴィエトの行動の源泉」という論文を発表します。そこで「ソ連との協調は難しい、対抗者なのだから、協調するよりもむしろ封じ込めるべきだ」と訴えました。論文の影響は絶大で、アメリカはそれまでの協調路線を捨て、ソ連との対決姿勢を強めることになります。

特に1953年に大統領に就任した共和党のドワイト・アイゼンハワーと、その政権で国務長官を務めたジョン・フォスター・ダレスは「ドミノ理論」を採用し、「ある地域で一国が社会主義化すると、あたかもドミノ倒しのように次々とその周辺国が社会主義化してしまう」と考え、それを防ぐために他国に政治介入し、暗殺や情報攪乱《かくらん》、内乱誘導や政権転覆などあらゆる手を使って、自分たちに都合のいい政権を打ち立てようとします。

その際に、スパイが大きな活躍を見せました。ダレス国務長官の弟はアレン・ウェルシュ・ダレスといい、CIAの長官を務めていましたから、冷戦期のアメリカの外交や政治工作には、このダレス兄弟が大きくかかわっていたのです。

1950年代のアメリカが特に工作対象として重視したのが、「アメリカの裏庭」と言われる中南米、第三世界と呼ばれた東南アジアなどの「まだ資本主義陣営にも、社会主義陣営にも属していない国」、そして石油を産出する中東など、国益にかかわる地域でした。

アメリカは、こうした地域にCIA職員を多数派遣し、「ソ連は悪、共産党は悪」という宣伝を行ったり、指導層に「ソ連があなたの国をいいように動かそうとしている」と吹き込んだり、現地住民に金を渡してアメリカが有利になるような騒動を起こさせたりと、様々な工作を繰り広げます。

ソ連は、社会主義の理想を掲げていましたが、アメリカは「豊かさ」、つまり主に金で人々を動かしていました。

これに対し、ソ連側はアメリカやイギリスが情報員を使って社会主義勢力の勢いを削ごうとしていることは知っていましたので、CIAがどこで何をしようとしているのかを把握するため、またソ連内部に入り込んだCIAなどのスパイを摘発するため、こちらも諜報活動を強化させていきます。

吹き荒れる赤狩り、マッカーシズムで、チャップリンもブラックリストに

米ソの対立が激しくなる中で、1950年、アメリカでは上院議員ジョセフ・マッカーシーが主導する共産主義者の摘発が行われます。これは「マッカーシズム」や「赤狩り」と呼ばれ、政府関係者だけでも600人が追放されました。マッカーシーは「CIAや軍も調査対象だ」と息巻いて、テレビ放送を使って国民に「共産主義者をあぶり出せ」と訴えたのです。連邦議会下院の「非米活動委員会」が中心となって、「非米」つまり「非国民」狩りを進めたのです。

マッカーシーは映画界にも調査の手を伸ばしました。その結果、ハリウッドでは映画関係者の中で共産主義者と思われる人物の「ブラックリスト」が作られ、多くの人々が仕事を失うことになったのです。かの喜劇王チャールズ・チャップリンは「反戦・平和主義。社会風刺。博愛精神」を掲げていましたが、そうした作風が「共産主義を容認している」と受け取られ、事実上の国外追放になりました。

このチャップリンに対する追及を行ったのはFBIです。FBIはアメリカ国内で、テロやスパ

イなどの重大犯罪を州を超えて取り締まる機関です。「赤狩り」ではこの頃、FBI長官を務めていたジョン・エドガー・フーバーが指揮を執りました。

映画界も負けてはいません。俳優らおよそ500人が「言論自由の会」を立ち上げ、「ブラックリスト」に載った人々を支援したのです。「非米活動委員会は憲法で保障された言論の自由に反している」として、ワシントンで抗議デモを行いました。

また、激しい赤狩りの風潮に疑問を投げかける人物が、メディア界からも現れました。CBSの著名キャスター、エドワード・マローです。彼は「米国には言論や表現の自由がある。なぜ共産主義にシンパシーがあるとみなされただけで追放されるのか」と考え、マッカーシーの問題点をテレビで指摘しました。これをきっかけに、証拠もないのに多数の人を非難してきたマッカーシーの問題点が明るみに出て、凋落《ちょうらく》していきます。この経緯は『グッドナイト&グッドラック』という映画にもなっています。

こうした東西冷戦の構造に、当然のことながら日本も否応なく巻き込まれることになります。終戦後、アメリカの占領下に置かれた日本では、CIAが右派の大物に資金を渡し、朝鮮半島の情報収集に当たらせたり、国内の共産主義者の情報を集めたりしていました。

さらにアメリカは、「日本には保守派が一致して共産主義者と戦う政党が必要だ」と考えていました。CIAは将来のリーダー候補として、当時、東京裁判のA級戦犯の疑いで巣鴨拘置所にいた岸信介《きしのぶすけ》に目をつけます。岸信介は言うまでもなく、2006年〜07年までと、2012年〜2020年まで、二度首相を務めた安倍晋三元首相の祖父です。一説によると、アメリカは「共産主義と戦うなら支援する」と岸に伝え、CIAに担当させて資金提供を行ったとも言われています。『CIA秘録』筆者のティム・ワイナーは、それが自由民主党結成にも影響したのではないかと指摘しています。ワイナーはアメリカの機密解除文書と自身の取材から、そうした確信を得ていたようです。

ただし、現在までに明らかになっている機密解除文書自体には「岸信介」の名前はなく、アメリカ政府もこの件を認めていません。それでも2006年にアメリカ国務省が刊行した外交資料集内の「編集ノート」で「秘密計画として日本の親米・保守派への資金提供があった」ことを認めたのを受け、ワイナーはさらに取材を重ね、「岸への秘密資金の提供もあった」と結論付けています。ただ、自民党は事実を認めていません。

一方で、日本国内の共産主義者、社会主義者は、戦前は投獄されていましたが、アメリカの占領下となった際に、大半が釈放されました。言論の自由のある民主主義国家で、共産党や共産主義者の存在を許さないということはいくらアメリカでもできませんでした。それゆえ、戦争直後の日本共産党は、アメリカを「解放軍」と呼んだほどです。しかし1950年代の「赤狩り」の時代には、まだアメリカの占領下だった日本でも「共産党員の疑いあり」とみなされた人たちが役所や企業から追放されることになります。これは「レッド・パージ」と呼ばれています。

社会党も右派系と左派系に分かれていたのが、戦後、合体して一つの社会党となります。するとアメリカは「日本で社会主義勢力が強くなりすぎるのではないか」と警戒しました。これが、アメリカをして自分たちに都合のいい政権、指導者を日本のトップに据えたいという欲求を正当化することとなり、自民党関係者へ秘密資金を出す口実になったというわけです。

一方の社会党は、日ソ貿易を隠れ蓑《みの》にソ連からの資金を得ていたと言われています。また、米ソの情報収集の過程で、企業秘密を知る民間企業の社員や、防衛機密にアクセスできる自衛官などがスパイの標的にされました。新聞記者などメディア関係者の中にも、米ソ双方からの影響や資金を受け、それぞれの主張に都合のいい報道を行う人たちが出てきました。

特にソ連側のエージェントとなった人物については、第4章のレフチェンコ証言の項目で詳しく扱います。

CIA最初で最大の〝成功〟事例——1953年イラン・モサデククーデター

アメリカ、つまりCIAが行った他国への政治工作のうち、最大の〝成功〟事例と言われるのが、1953年に起こしたイランのクーデターです。この工作では、CIAはイギリスのMI6と手を組んで、イランの政権を転覆させることに成功しました。

もともとイギリスは石油権益を得るためにイランに進出していましたが、その当時からイランの人々は「イギリス人ばかりいい思いをしている」と反英感情を持っていました。第二次大戦後、イランは独立し、1951年に自由選挙という民主的な形でモサデク政権が樹立しました。

イランには王室もあり、パーレビ国王がその座に就任していましたが、あくまでも象徴的な存在で、政治的な力は一切持っていませんでした。一方、モハンマド・モサデクはイランの民族主義をてこに国内をまとめる力や、強いカリスマ性を持っていました。

そして首相に就任するや、モサデクは「国内の石油企業は、すべてイラン国営とする」という方針を発表します。これに驚いたのはイギリスです。自分たちの大きな権益が失われると慌て、

「モサデク政権を打倒しなければならない」と考えるようになりました。しかしMI6だけでは手に余るからと、アメリカ、つまりCIAに協力を求めるべく、「イランに共産主義の手が伸びてきている」「モサデクは共産主義に傾き始めており、危険だ」「ソ連にだけ石油を売るかもしれない」などと囁《ささや》いたのです。

確かにイラン国内には、ツーデ党という共産党組織が存在し、一定の勢力を保っていました。また、モサデクは石油企業の国営化宣言後に石油関連会社のイギリス人社員に帰国命令を出し、イギリスとの国交断絶を宣言しました。イギリスはこれに対抗し、西側を取りまとめて経済制裁を行う一方、ペルシャ湾に海軍を出し、イランが一切石油を輸出できないよう圧力をかけました。まさに一触即発です。この時に日章丸という巨大なタンカーをペルシャ湾に派遣し、石油を輸入した日本の出光石油についての話は『海賊とよばれた男』（百田尚樹著／講談社文庫）という小説になっています。この時のタンカー派遣によって、イランは一気に親日的になりました。

しかしアメリカは、これらの一連のイランの行動によって「ソ連にチャンスを与えかねない」とより警戒するようになります。そこで1952年から、英米の情報機関、つまりMI6とCIAは「モサデク外し」について協議を始めます。パーレビ国王にモサデク外しを宣言させ、首相の首を米英にとって都合のいい人物とすげ替える。そしてCIAが動員した親国王派に、モサデクとツーデ党を封じ込めさせるという計画で、「アジャックス作戦」と名付けられました。

けれども、1953年1月まで大統領を務めていた民主党のトルーマンはもちろん、その後、大統領に就任したアイゼンハワーも、当初はこうした政治工作に難色を示していたといいます。しかしCIAは「このままではソ連がイランを攻めるかもしれない」などと偽情報を伝え、ダレス長官はおなじみの「ドミノ理論」を持ち出し、「もしイランが共産化すれば、中東のすべてのドミノが倒れ、共産主義に染まる」と危機を煽《あお》ったのです。

さらには西側から経済制裁を受けているイランが仕方なしにソ連を頼ったり、国内でも共産党組織であるツーデ党を頼ったりするようになると、「いよいよモサデクは共産主義に傾斜し始めた」という情報を上げるようになっていきました。イラン国内に向けても「共産主義者はイスラムの敵」「モスク襲撃を行ったのは共産主義者だ」という偽の情報を流し、反共産主義の空気を醸成したのです。

そして1953年8月16日、ついにCIAとMI6はモサデク排除のクーデターを実行に移します。ところが、当初、こうした工作を察知したモサデクに先手を打たれてしまい、ラジオ放送で「海外勢力に煽動された国王が、首相排除に動き始めている」と警告されてしまったのです。

慌てたCIAは町中のならず者を金で動員し、「モサデクを引きずりおろせ」と叫ばせたり、偽共産主義者に仕立て上げて暴徒のふりをさせたりと、反モサデク、反ツーデ党を煽るよう画策しました。結果、親国王派に軍が合流し、モサデク失脚が決定的なものになりました。英米は傀儡《かいらい》であるパーレビ国王にザハディを首相として擁立するよう命じ、国王に政治的実権を持たせ、独裁政治を行わせることになります。

これはCIAとMI6が政治工作によって自らに都合のいい政権を他国内に作り出した、最初の〝成功例〟となりました。しかし冒頭で述べた通り、〝成功例〟としてはこれが最大のもので、後は失敗や想定以上の代償を払わされることになります。

その後、イランではサバクという秘密警察が組織され、共産党やモサデクの支持者を弾圧し、処刑する恐怖政治を敷くようになります。これに対する一般のイラン人の不満は、当然、募っていきました。そしてその不満が、1979年のイランでのイスラム革命になり、米大使館人質事件につながるのです。

「第三世界」「アメリカの裏庭」がスパイ合戦の舞台に

イランのクーデターを政治工作によって〝成功〟させたCIAは、その成功体験から各地で政治工作を行うようになります。特に激しかったのが、東南アジアやアフリカ諸国などの「第三世界」や、「アメリカの裏庭」と言われる中南米各国での活動でした。その極めつきの対象がキューバで、ピッグス湾事件やキューバ危機が起こります。

ここでは各国で行われたCIAの政治工作を手短にご紹介しましょう。

まずは中米のグアテマラです。1951年に大統領選挙に勝利したハコボ・アルベンス大統領は、左派のグアテマラ労働党と連立与党を結成します。そのため、アメリカは当初からアルベンス政権を失脚させたいと考えていたようです。

アルベンス大統領は、グアテマラに展開していた米企業「ユナイテッド・フルーツ」の搾取に抗議し、農地改革と資産接収を実行しました。これがアメリカの逆鱗《げきりん》に触れ、アイゼンハワー大統領は「アルベンスは左傾化しすぎている。グアテマラ国内でどんどん工作を行い、失脚させるべきだ」と考えるようになりました。資本家の権利を失わせる発想は、いかにも社会主義的だったのでしょう。

これにより、1953年からCIAは政権転覆のために亡命グアテマラ人数百人に対し、軍事訓練を開始しました。この時点でCIAは諜報機関としての範疇《はんちゅう》を超えています。グアテマラ国内でも反体制派に蜂起を呼びかけ、さらには、政権側には武器を売らず、力を削ごうとしてきました。

政治介入の口実を探していたアメリカは、アメリカから武器を買うことのできないアルベンス大統領が、東側陣営の国であるチェコスロバキア（当時）から武器を調達したことを知ります。社会主義者である証拠が見つからず、共産党のマークの付いた銃を納める箱をCIAが用意するなどの偽装工作によって転覆を図る案もあったようですが、実際にチェコスロバキアから武器を買っていたのであれば、「やはり大統領は社会主義者である」と失脚させるのにうってつけです。CIAとしてははしてやったりといったところでしょう。

そして1954年6月、アルベンス大統領失脚のための「PBサクセス計画」が発動します。CIAの息がかかった軍人や市民に武装蜂起をさせ、さらにはアメリカが用意した爆撃機が市街地を攻撃。多くの死者を出し、わずか10日余りでアルベンス大統領は辞任に追い込まれました。

その後、アメリカにとって都合のいいカスティージョ・アルマスが大統領に就任すると、アルベンス支持者5000人近くを処刑、すぐに「反共の日」を制定しました。

CIAの「反共作戦」で、コンゴ、ブラジルも政権転覆

さらにアフリカでも、アメリカ、CIAは同様の手口を使います。コンゴ共和国（ザイールを経て

現在、コンゴ民主共和国）の大統領、パトリス・ルムンバもCIAの毒牙にかかった1人です。

コンゴ・カタンガ州で分離独立運動が発生すると、戦前、コンゴを植民地としていたベルギーの軍と鉱山採掘企業が独立運動を支援します。困ったルムンバが1960年7月に国連に訴え、独立派に対する非難声明が出されたところまではよかったのですが、これをきっかけに「軍隊を派遣して鎮圧に利用しよう」と考えたところから、ルムンバの悲劇が始まります。

ルムンバが独立運動を抑えるために、ソ連に支援を要請すると、CIAはルムンバを警戒し、ついには「狂人」「共産主義者」と非難するようになります。一方、ソ連は1960年、モスクワに世界各地のソ連の友好国から留学生を募り、社会主義思想や革命について教える「民族友好大学」を設置し、翌年ルムンバの名前を冠した「パトリス・ルムンバ民族友好大学」と改名します。これもアメリカの神経を逆なでしたのでしょう。アメリカ政府はCIAに対して事実上のルムンバ暗殺命令を出すのです。

CIAはこの命令を受けてルムンバを毒殺すべく、食事や歯磨き粉に毒を混入しようと試みますが、失敗。結局、本人をおびき出して、CIAが直接手をかけることなく、支援する人物に殺害させることにしました。その人物はモブツというルムンバの旧友で、軍を使ってルムンバを拉致したのち、反乱軍に引き渡し、殺害させました。ルムンバは殺害後、井戸に放り込まれ、その後、一部の骨を残して硫酸で溶かされるという凄惨な仕打ちを受けます。

そしてモブツはＣＩＡの支援を受けて大統領の座に就任し、独裁体制を敷きます。モブツ率いるコンゴは、アフリカでも随一の親米反共政権になりました。

さらにアメリカの政治介入は続きます。南米のブラジルで、１９５６年にブラジル共産党が支持するクビチェックが大統領に就任しますが、アメリカは警戒感を強め、ブラジル国内でブラジル国民向けの反共教育プログラムを実施します。１９６１年には保守派のジャニオ・クアドロスが大統領になりますが、それでもアメリカは警戒を緩めません。クアドロスは第三世界で存在感を発揮すること、さらには東側とも関係を改善し、貿易などの交流を深めることを望んでいたからです。

クアドロスがキューバの革命家であるチェ・ゲバラに勲章を授与したことでアメリカの虎の尾を踏むと、アメリカの圧力に負けてクアドロスは辞任。続いて、クビチェック政権の副大統領を務めていたジョアン・グラールが大統領の座に就きます。

するとケネディ大統領はＣＩＡの反グラールキャンペーンと、クーデターの準備を支持します。グラールはアメリカ側に直接「アメリカの煽動でクーデターが起きるのは好ましくない」と伝えていたといいますから、アメリカが各地で政治工作によって政権転覆やクーデターを煽っていたことを知っていたのでしょう。

ＣＩＡはブラジル軍内部の右派や、反グラール派、反共集団に資金を提供し、破壊分子に浸透して、いざとなったらクーデターを起こすこと、「クーデターを起こせばＣＩＡはこれを支持する」と吹き込みます。そして反共集団は「グラールこそが左派クーデターを画策している」「引きずりおろすことこそ民主主義の体現」と叫び、反グラールキャンペーンを張りました。

ケネディは１９６３年11月に暗殺されますが、次に大統領に就任したジョンソンも、ブラジル・グラール政権に対するクーデターの方針を変えませんでした。ＣＩＡはブラジル軍のカステロ・ブランコに接触。クーデターを支え、ついに１９６４年、クーデターが現実のものとなりました。クーデターから数日の間に、「共産主義者、あるいはその疑いがあるもの」数千人が逮捕されます。当然、そこでは拷問が行われました。

アメリカはこのクーデターの背後に自分たちの画策があったことは認めず、「すべてブラジル人が自主的にやったこと」だと主張しました。

これまでのケースを見るだけでも、アメリカはＣＩＡを使って他国の内部に反共主義者を育てたり、クーデターを起こすようにそそのかしたりして、結果的に政権転覆を実現し、さらには国内の共産主義者の弾圧を正当化する手助けをしたことは確かでしょう。

しかも、「共産主義と戦う」と言いながら、実際には民主的な国を「アメリカに従わない、アメリカに都合が悪い」とひっくり返したり、逆に国民を弾圧するような軍事独裁政権でもアメリカに都合がよければ容認・支援したり、という姿勢だったことがわかります。

キューバ人同士で殺し合う悲劇のピッグス湾事件

アメリカのCIAによる他国への干渉はこれにとどまりません。アメリカにとって、最も近くにいる最大の敵がキューバのフィデル・カストロ首相でした。カストロの部下のチェ・ゲバラは確かに社会主義者でしたが、カストロ自身が社会主義者だったかどうかについては議論が分かれます。

しかし、カストロはキューバにもともとあったアメリカ企業を国有化するなどしたため、アメリカはこれにも腹を立て、経済制裁を発動。キューバはやむなくソ連を頼ることになります。

これではアメリカがキューバを東側に追いやったようなものですが、アメリカとしては、もはやカストロが社会主義者かどうかよりも、アメリカの意に沿うかどうかの方が重要だったのかもしれません。当然のごとく、アメリカ政府の意を受けたCIAはカストロ暗殺や政権転覆を画策します。

アイゼンハワー大統領時代には、カストロが吸う葉巻に毒を仕込み、カストロの髭や髪の毛を失わせるというとんでもない計画がありました。キューバにおけるカストロのカリスマ性が、そのヘアスタイルや髭にあると考えたからです。しかしこれは失敗。1961年1月にジョン・F・ケネディ大統領が就任したのちもこの計画は継続し、「貝殻爆弾を仕込み、カストロを吹き飛ばす」「細菌付きスキューバ・ダイビング・スーツをカストロに着せる」「カストロが大好きなアイスに毒を仕込む」など様々な方法が試されましたが、いずれも失敗に終わりました。

その一方で計画が練られたのが、キューバからアメリカに亡命してきたキューバ人

ピッグス湾事件の記念碑は、リトルハバナの象徴的存在。
傍らでは、観光客がガイドの説明を熱心に聞いていた
（写真：増田ユリヤ）

に軍事訓練を行い、キューバに上陸させて反カストロ暴動を起こさせる、というものでした。「暴動が起きれば、キューバ軍の一部が寝返るはずだ」という、希望的観測もこの計画を後押ししたようです。

そのためCIAは数百人もの亡命キューバ人にグアテマラで軍事訓練を施し、実行の時を待ちました。当時のCIAのダレス長官は「グアテマラと同じくらい成功するだろう」と、計画に自信を持っていたと言われています。

そして1961年4月15日、偽装反乱軍（亡命キューバ人）をピッグス湾に上陸させるべく、まずは米軍機がキューバの飛行場を爆撃します。この空爆ではキューバ空軍の半数程度しかつぶすことができなかったため、ピッグス湾に上陸し始めた部隊は、キューバ空軍の格好の的となってしまいます。計画は大失敗。実に114人が死亡、1190人余りが捕虜になるという大きな犠牲を出します。

この計画の失敗は、CIAはもちろん、アメリカ政府にとっても大きな挫折になり、ダレス長官もその座を退き、引退することになります。

ピッグス湾で、キューバ軍は反乱軍の上陸阻止に成功したわけですが、「反乱軍」の正体は、CIAの指示を受けた亡命キューバ人です。もちろん、CIAのパイロットなどの被害も出ましたが、ピッグス湾でキューバ空軍に殺害された多くは、同じキューバ人だったのです。アメリカがCIA

を使って、いかに非人道的なことをしてきたか、言葉もありません。しかし、当時、こうした情報が世界に拡散することはありませんでした。日本にもほとんど情報が入ってこなかったのです。

現在、亡命キューバ人やその子孫が多く住んでいるアメリカ・フロリダ州マイアミの通称リトルハバナには、ピッグス湾事件で犠牲になった亡命キューバ人の記念碑があります。亡命キューバ人はキューバの社会主義を嫌ってアメリカに渡った人たちですから、社会主義者との戦いに殉じた人々はまさに英雄なのです。

手痛い失敗の後も、アメリカはカストロ排除をあきらめませんでした。「マングース作戦」と名付けられたカストロ政権消滅計画では、相変わらずカストロの飲み物に毒を入れようとしたり、マフィアを頼って銃殺しようとしたりとあらゆる手段を検討し、実行にも移しましたが、ことごとく失敗しました。カストロが演説のためにやってきたスタジオに神経ガスを散布して、ろれつの回らない様子を放送することで権威を失墜させようという試みもありましたが、これまた失敗に終わりました。

そしてカストロは、それまでは明言していなかったソ連寄りの姿勢を強め、ピッグス湾事件直後の1961年5月、「キューバ革命も共産革命だった」と宣言します。キューバの共産化を警戒したからこそ行ったアメリカの画策が、さらにキューバをソ連側に追いやってしまった。アメリカとCIAにとってのまさに大失敗、大失態だったのです。

そして、このカストロの「対米警戒」が、1962年のキューバ危機を招くことになります。

池上少年も恐怖した1962年のキューバ危機

冷戦期の米ソは互いに核兵器を保有し、「恐怖の均衡」と呼ばれる状況を保っていました。つまり、お互いに核を持っているが、どちらかが核を使えば自国にも核を撃ち込まれ破滅することになるので、どちらも核を使えないのです。それゆえに、米ソはお互いの国に対してはもちろん、世界中を舞台に諜報合戦を繰り広げ、戦火を交えない形で相手の影響力や国力を削ごうとしたり、相手が次に打つ手を予測するための情報を得ようとしたりして争ってきたのです。大きな戦争が終わった後にもかかわらず、冷戦期がスパイの季節と言われるゆえんですね。

そうした切迫した状態で起きたのが、1962年10月の「キューバ危機」です。

事の発端は1962年10月16日、アメリカの偵察機がキューバでソ連軍の基地が建設され、核搭載可能なミサイルが運び込まれているのを発見したことに始まります。キューバにミサイルが配備されれば、アメリカ本土の大半がソ連の核の射程圏内に収まってしまいます。アメリカはソ連に届く位置にあるトルコにミサイル基地を持っていたので、ソ連はこれに対抗しようとしたのです。アメリカの情報機関は、当初「ソ連首相のフルシチョフは、キューバにミサイルを配備できるほど大胆な行動を取れる人物ではない」「ソ連の現地司令官は、核兵器の使用権限を与えられていない」と判断していたので、こうした兆候を見逃していたのです。のちに、これらの分析が間違っていたことが、ソ連側の文書によって明らかになっています。

アメリカの偵察機がキューバのミサイル基地を発見できたのには、オレグ・ペンコフスキーという人物がかかわっています。ペンコフスキーは、ソ連軍参謀本部情報総局（GRU）の大佐でありながら、アメリカ・イギリスに機密情報を流し続けたスパイでした。ソ連の体制に失望し、自らアメリカのスパイになることを申し出た人物です。彼が西側のスパイとしてソ連の情報を提供したいと申し出たため、イギリスのMI6は、商用でしばしばモスクワに出張していたイギリス人セールスマンのグレビル・ウィンに情報の運び屋になるように依頼。ウィンはモスクワで密かにペンコフスキーから情報を預かり、ロンドンに運んでいました。

ペンコフスキーがキューバでのミサイル基地に関する計画案を伝えたことで、基地建設の事実が明らかになったのです。ペンコフスキーはのちに、アメリカのNSA内にいたKGBのスパイによって裏切り行為をソ連に通報され、処刑されています。ウィンも同時に逮捕されましたが、アメリカに逮捕されたソ連のスパイとの交換で釈放されています。

キューバでのミサイル基地建設に対しては、「とにかく先手を打って、キューバのミサイル基地を空爆すべきだ」という強硬論もありましたが、ケネディ大統領はキューバ周辺でまず海上封鎖を行い、核弾頭を運ぶソ連の艦船の入港を食い止めようと考えます。10月22日夜、ケネディはテレビ演説で「ソ連のミサイルが持ち込まれた可能性があるので、キューバを封鎖、隔離する」と発表しました。

当時、私は小学校6年生でした。日本のテレビや新聞でも核戦争の可能性が報じられたため、「ここで僕の人生も終わるのか」と危機を身近に感じたのを覚えています。

ソ連の艦船が迫る中、アメリカ政府内でも「やはり海上で沈没させるべきだ」というような意見が出ますが、ケネディはそうした意見に耳を貸さず、水面下での交渉や国連安保理を通じてソ連に対しミサイル撤去を要求します。10月27日にアメリカの偵察機がキューバ上空で地対空ミサイルにより撃墜されたことで、緊張感が一層高まります。そんな中でキューバを海上封鎖したアメリカ軍は、核ミサイルを運ぶ貨物船を護衛しているソ連軍の潜水艦を浮上させるため、潜水艦の周辺に機雷を投下するという一手に出ます。

驚いたのはソ連の潜水艦です。間近で機雷が爆発したことで、潜水艦の艦長は「核戦争が始まった」と判断。潜水艦に搭載していた核魚雷を発射するかどうかの瀬戸際に至りました。潜水艦の乗組員は「核を撃たれたら、こちらも核を撃ち込め」と命じられていたからです。まさに一触即発、核戦争が間近に迫る、切迫した事態になりました。

それでも艦長は「もう少し様子を見よう」と核魚雷の発射を思いとどまりました。この話は、東西冷戦が終わった後、潜水艦の乗組員の証言によって明らかになっています。

翌日、フルシチョフ首相はキューバに配備したミサイルの撤去を発表。キューバに向かっていた艦船もUターンしてソ連に帰っていきました。アメリカもキューバへの武力侵攻をしないと約束し、核戦争の危機はギリギリのところで回避できたのです。

ペンコフスキーというスパイと、情報の運び屋のウィンの働きによって、キューバ危機の内情が明らかになりました。まさに世界史を動かしたスパイがいたのです。

約2週間にわたって世界が核戦争の危機に見舞われたこのキューバ危機は、多くの学者や歴史家の研究対象となっただけでなく、『13デイズ』という映画にもなっています。ペンコフスキーとウィンについても『クーリエ　最高機密の運び屋』という映画になっています。素人が機密情報の運び屋になってしまった緊迫感と当時のソ連の雰囲気がうまく描かれています。

また、アメリカの国際政治学者グレアム・アリソンとフィリップ・ゼリコウによるキューバ危機の分析は『決定の本質』（漆嶋稔訳／日経BP）という古典的名著に結実しています。

第3章

東西冷戦時代のスパイ合戦

1964年、ベトナム戦争は泥沼へ

ここまで、反共政策を掲げ、世界各地で政権転覆を企ててきたアメリカ、CIA（中央情報局）について解説してきましたが、1955年から20年にもわたって繰り広げられたベトナム戦争での失敗は、ベトナムはもちろん、アメリカ政府やCIA、ベトナムに派遣された米兵やその家族、さらにはアメリカ国民全体に深い傷とトラウマを残すことになります。

ベトナム戦争では、スパイはどのような活動をしていたのでしょうか。

まずベトナム戦争までの経緯を解説しましょう。第二次大戦前から、ベトナムではホー・チ・ミンがリーダーシップを発揮します。戦後に、アメリカの支援を受けたフランスがベトナムの再植民地化を狙ってインドシナ戦争を起こしますが、中ソの支援を受けたホー・チ・ミンがこれを撤退に追い込みます。

1954年、ジュネーブ国際会議が開かれ、ベトナムは北緯17度を境にホー・チ・ミン率いる北のベトナム民主共和国と、南のベトナム共和国に分割されます。朝鮮半島が南北に分割され、それぞれ西側・東側陣営になったのと同じ構図が、ベトナムでも生じました。

南ベトナムでは親米反共派のゴ・ディン・ジエムがアメリカの支援を受けて初代大統領に就任し

ます。ジエムが熱心なカトリック教徒だということも、アメリカとの接近の理由の一つだったようですが、国内では仏教徒を弾圧したり、秘密警察や特殊部隊を弟に掌握させて好きに使ったりするなど、独裁政治を行い、ベトナム国民の支持を失っていました。それでもアメリカがジエムを支持していたのは、北ベトナムのホー・チ・ミンが共産主義者だったからで、「ドミノ現象への危惧」から、「ベトナムが共産化すれば、東南アジアが赤く染まる」「それを防ぐには、南ベトナムに傀儡政権が必要だ」と考えたためです。

また、ジュネーブ国際会議で結ばれたジュネーブ協定では、1956年に南北統一選挙を行うことが約束されていたにもかかわらず、南ベトナムとアメリカがこれを拒否。選挙によって共産主義政権が誕生してはたまらない、と考えたためです。北ベトナムのホー・チ・ミンは「それなら統一には武力闘争を行うしかない」と考え、南ベトナム内でゲリラ闘争を行う南ベトナム解放民族戦線を組織。ベトナムは一気にキナ臭くなりました。この組織には、共産主義勢力だけでなく、ジエムの独裁に反発して民主主義を求める人たちなど、幅広い人たちが結集していました。

これに対し、アメリカもCIAがゲリラの部隊を組織して備えました。当時、南ベトナムのサイゴンには多くの工作員が滞在しており、それぞれ映画やドラマのプロデューサー、企業セールスマンなどのふりをしながら、ゲリラ部隊に訓練を施したり、武器を運んだりしていました。一方、北ベトナムに対しても当初はソ連と中国が支援を行っていましたから、やはりベトナムの内部対立も「代理戦争」そのものの構図になってしまったのです。

1961年になると、ケネディ大統領は南ベトナム支援のために米軍の軍事顧問団を現地へ派遣します。これが、その後15年近く続くベトナム戦争の「泥沼」の始まりでした。しかし同時に、ケネディ大統領はジエム大統領が南ベトナムの人々の支持を得ていないことを危惧していました。またしてもCIAは政権転覆を起こそうと画策します。CIAはここでも南ベトナムの軍部に目をつけ、ドン・バン・ミン将軍を焚《た》き付けます。

1963年11月1日、将軍がクーデターを起こし、逃亡を図ったジエム大統領はクーデター部隊によって殺害されます。「ジエム大統領が自殺した」と伝えられたことから、ケネディは「クリスチャンだったジエムが自殺をするとは」とショックを受けたそうですが、なんとその20日後に自身も暗殺されてしまいます。しかもパレード中の暗殺で、白昼堂々、人々の目の前で現役大統領が殺害される大事件でした。世界中が大きな衝撃に見舞われました。

これによりケネディ政権の副大統領だったリンドン・ジョンソンが後を継いで大統領に就任しますが、彼はさらにベトナムに深入りするようになります。ジエム政権を転覆させたことで、南ベトナムがより不安定になり、北との戦いも劣勢に立たされることが多くなったためです。南ベトナム解放民族戦線には共産主義者だけでなく、腐敗した政権を正そうという人たちも大勢参加していましたが、アメリカにはそのことが理解できませんでした。さらに解放戦線と一般住民の区別がつかない状態に陥り、苦戦することになります。

1964年には、国防総省とCIAが協力して行う「作戦計画34—A」を発動。北ベトナムの基地を攻撃します。また、北ベトナムと関係が深かったラオスへの空爆も開始しましたが、この際、米軍機は当時まだアメリカの統治下にあった沖縄の米軍基地からラオスや北ベトナムに、連日、空爆に出動しました。ベトナムにおけるアメリカは、スパイによる政治工作や現地情報の解析を行うだけの存在ではなく、もはや戦争の一大プレイヤーになっていったのです。

そして1964年8月4日、トンキン湾事件が起こります。7月30日に北ベトナムのトンキン湾にある二つの島を南ベトナム政府軍の船が攻撃すると、アメリカは南ベトナム支援のためにトンキン湾に入りました。8月2日、アメリカが北ベトナムの魚雷艇から攻撃を受け、ジョンソン大統領は激怒します。そしてさらに2日後の8月4日、米艦は「再び北ベトナムの魚雷艇から攻撃を受けた」と報告します。これを受けてアメリカ議会も紛糾、大統領に戦争権限を与える「トンキン湾決議」を行いました。そしてアメリカによる北ベトナムへの直接攻撃、特に「北爆」と呼ばれる激しい空爆が行われるようになりました。

しかしこの北ベトナムからの攻撃のうちの2回目は、アメリカの捏造であったことが1971年に発覚します。これが有名な「ペンタゴン・ペーパーズ」と呼ばれる一連の文書に関する報道で、「ニューヨーク・タイムズ」の記者が入手して報じ、大スクープになりました。しかし1964年当時は、北ベトナムからの攻撃にアメリカ議会も沸騰し、さらにベトナム介入の度合いを深めていくことになるのです。

アメリカは1965年にローリング・サンダー作戦を立て、北爆を継続。さらに民間工作の一環で、南ベトナム人をCIAが訓練し、北ベトナムや南ベトナム解放民族戦線を駆逐する方針を立てます。これらの作戦によって多くの北ベトナム勢力や民間人が殺害されました。

こうしたベトナム戦争への介入の過程で、アメリカは「戦争犯罪」とも言うべき罪を犯します。一つはソンミ村の虐殺で、解放戦線の兵士を探すためにやってきた米兵が、南ベトナムの一般村民を百人単位で惨殺しました。この事件はアメリカ国民を大いに驚かせ、失望させたといいます。「南ベトナムのために米軍は戦っていると思っていたのに、違うのではないか」と気づかせることになったからです。

もう一つは枯葉剤の散布です。ジャングルに潜んで戦う南ベトナム解放民族戦線の兵士たちを一掃するために、米軍は悪名高い「枯葉剤の空中散布」を行いました。木々の間に隠れて応戦してくるゲリラ部隊に手を焼いていたからなのですが、この枯葉剤にはダイオキシンが混ざっており、薬剤を浴びてしまったベトナム人の中で、がんの発症や、異常出産をきたしたりと思いもかけない被害が見られるようになりました。日本でも大きな話題になった、体がつながって生まれた双子の「ベトちゃん、ドクちゃん」も、この枯葉剤の影響があってのことと見られています。米兵も枯葉剤を浴びていたため、帰国した兵士にも健康被害が出ました。

自ら泥沼に足を踏み入れてしまったアメリカですが、実はソンミ村事件が起こる前に、アメリカにとってはとどめとなるような、衝撃的な事件が起きていました。それは1968年1月30日に起きたテト攻勢です。

テトとは旧正月のことです。正月休みに入ったベトナムで、南ベトナム解放民族戦線が6万人をあげての大攻勢を行い、実に南ベトナムの36にも及ぶ県で一斉に攻撃を行いました。一方のアメリカ側は、またしてもこの大攻勢の兆候や情報を摑むことができませんでした。どうやらCIAやサイゴンの在ベトナム米大使館は「ベトナム人は旧正月はお休みだから、攻撃してこないだろう」と高をくくっていたようです。北ベトナムに、完全に裏をかかれる格好となりました。

テレビ映像がきっかけで政府とCIAが非難の的に

さらに2月1日、南ベトナム政府の警察庁長官が解放戦線の捕虜の頭にピストルを突き付け、有無を言わさず処刑する場面がアメリカのテレビ映像で流れると、アメリカ国民は啞然とし、反戦運動が高まります。ベトナム戦争は、アメリカはもちろん、世界中の報道記者が現地取材をしており、戦争の悲惨さを伝える写真や映像が多く報じられました。こうした報道が、ベトナム反戦運動のきっかけになりました。

アメリカ政府は反戦運動に手を焼いていましたが、さらにはこの反戦運動に人種暴動も連動し、対応に追われることになります。

これに対しアメリカ政府は国内の反戦運動を監視し、「背後に外国の共産主義者がいないかどうか」「反戦デモが政権転覆につながらないかどうか」を探り出そうとします。ただ、CIAは自国民に対する監視を禁じられていましたから、ここではFBI（アメリカ連邦捜査局）やNSA（国家安全保障局）が担当することになりました。FBIは反戦運動団体に潜入捜査し、NSAは反戦活動家の電話を盗聴したのです。

アメリカが受けた打撃の影響は大きく、ジョンソン大統領は1968年3月に事実上の敗北宣言を行い、ベトナムに対する派兵規模の縮小と、11月に行われる大統領選に出馬しないことを表明しました。そして大統領選では共和党のリチャード・ニクソンが大統領に選出され、ニクソンは1973年にベトナムからの米兵の完全撤退を実現します。アメリカはのべ50万人もの兵士をベトナムへ派遣し、5万人もの犠牲者を出しました。命は助かっても、四肢や精神に障害を負った兵士も少なくなく、しかも「負け戦」ですから、帰国しても国民から温かく迎えられることもありませんでした。アメリカにとってベトナム戦争がトラウマと言われるのはこのためです。

米軍撤退後も南ベトナム政府は北ベトナムや解放戦線と戦いを続けましたが、1975年にサイゴンが陥落すると、サイゴン市内にはアメリカ軍のラジオ放送から「ホワイト・クリスマス」という曲が流れました。これは、米軍撤退後も南ベトナムに残っていた大使館員や工作員に脱出を促す暗号でした。彼らは「この曲が流れたら、すぐに脱出しろ」という指示を受けていたのです。

この時の映像が残っています。アメリカ軍は脱出用にヘリコプターを派遣し、職員らはアメリカ大使館の屋上からほうほうのていで逃げ出しました。2021年9月、アメリカは20年続いたアフガニスタン駐留の撤退を決めましたが、

〈アメリカの主な情報機関〉

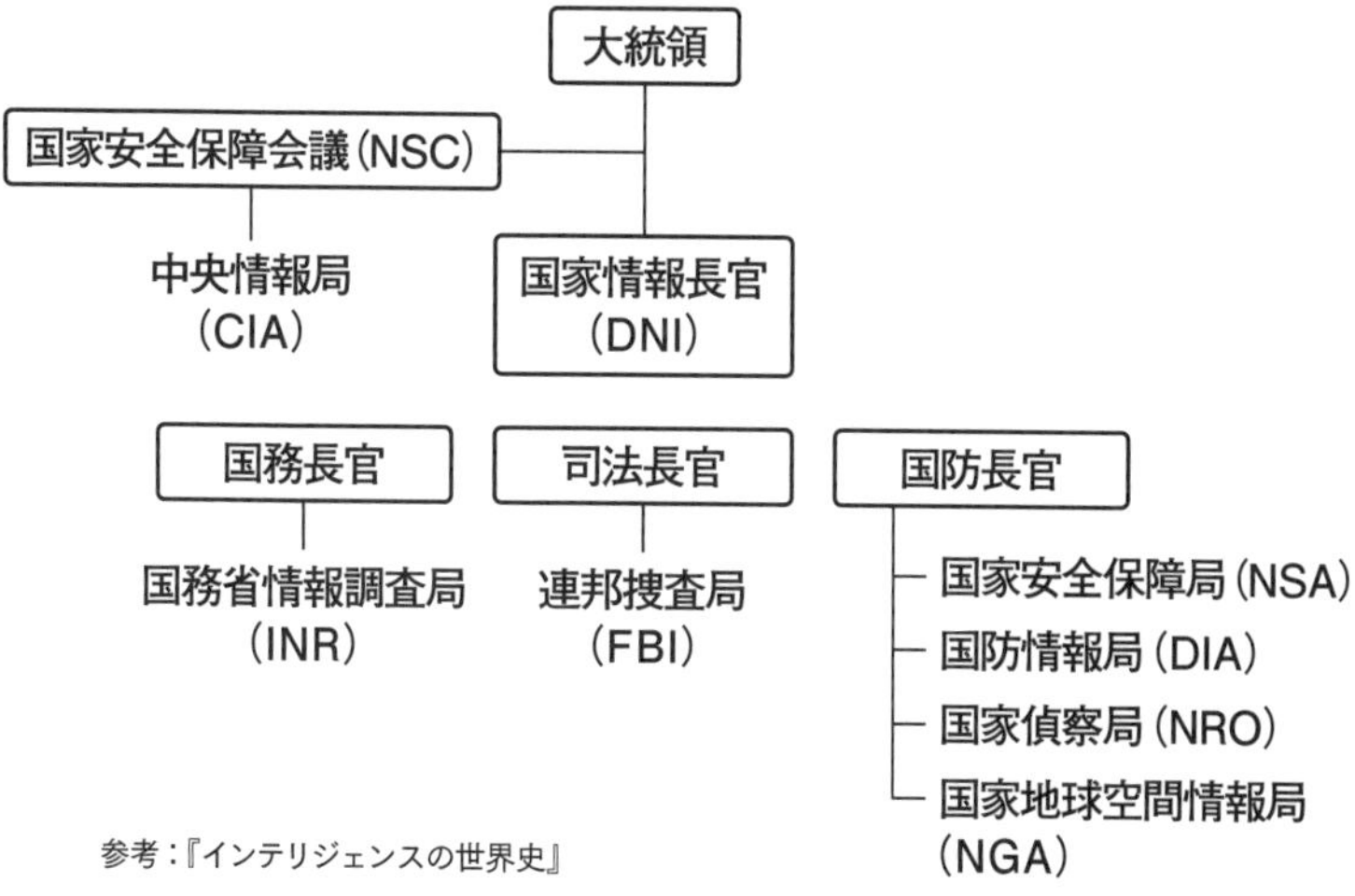

参考:『インテリジェンスの世界史』

この時に「一緒に連れてってくれ」と言わんばかりに空港に集まった人たちを、アメリカの飛行機が置き去りにして飛び去る映像が流れましたよね。あの映像は「ベトナム撤退時の再演だ」と言われました。

1975年当時は、米大使館やアメリカの基地から飛び立った飛行機が沖合にあるアメリカ軍の空母に着艦し、避難民を空母に降ろすのですが、次々にヘリが来るので着艦する場所がない。そこで不要になったヘリをどんどん海に捨てて、避難民を迎え入れたのです。それほど撤退が急がれたことを物語るエピソードです。

そして南ベトナムは消滅、翌年、ベトナム社会主義共和国として統一されます。ベトナムは共産党しかない一党独裁の社会主義国となり、現在に至ります。東南アジアはベトナムが社会主義化してもアメリカが恐れたような「ドミノ理論」で社会主義化することはありませんでしたが、そこには多大な犠牲も伴いました。

ASEAN創設の背景に、インドネシアクーデターと大虐殺

ベトナム戦争を継続しながら、アメリカは第三世界での工作を続けていました。特に、ベトナム周辺の東南アジアの国々に対しては、「共産化しないか」「ベトナムを助けるのでは」とかなり神経質になっていました。

その東南アジアの国・インドネシア独立の雄で初代大統領のスカルノは、オランダの植民地からの独立を果たしたのちも、国内でのカリスマ性を遺憾なく発揮しました。ただ、国内で人気があったのをいいことに、議会を解散させ、国会議員は自ら任命するという、大統領にすべての権限を集中させる独裁政治を行いました。

外交ではアメリカとも親交を持ちながら、ソ連や中国、北朝鮮との国交も断絶せず、「西側でも、東側でもない」立場を模索しました。1955年にはアジア・アフリカ会議（通称「バンドン会議」）という欧米主導でない国際会議を開催し、対立していたマレーシアが国連に加盟したことを不服として、一度は国連を脱退するなど、国際社会でも独自の存在感を発揮していました

(1966年に国連復帰)。

インドネシアと日本は、日本人ホステスだった根本七保子《ねもとなおこ》さんがスカルノの妻になったことから、冷戦の「陣営」とは無関係に緊密な関係を築いていたとも言われています。根本さんは、今もタレント、文化人として知られるデヴィ夫人の旧名で、結婚を機にインドネシア国籍を取得。ラトナ・サリ・デヴィ・スカルノと名乗っています。

人気の一方、スカルノはその独裁ぶりから国内で矛盾も抱えることになりました。それが国軍と共産党です。

インドネシアはもともと、国内に華僑やイスラム教徒を抱える多様性のある社会構造で、インドネシア共産党(PKI)も存在していました。PKIの自称によるものですが、1963年時点で、党員数は実に250万人から300万人にも達していたといいます。それまでPKIは中国共産党からの資金を得ていましたが、1963年からはソ連からの資金も得るようになりました。

それに対抗して、スカルノの独裁をよく思っていなかった国軍を中心に、反共主義者が増えていきます。一方のスカルノは、国軍を抑えるために共産党に近づきます。

この状況は、アメリカにとっては面白くありません。「スカルノは中立と言いながら、共産党勢力を野放しにしているのではないか」とスカルノに不満を持ちます。1950年代には、CIAの政治工作によってインドネシア国内の反共主義者に武器や資金を渡したり、空爆を行って内乱を起こさせようとしたりと様々な手が講じられましたが、いずれもうまくいきませんでした。

さらにCIAはスカルノの女性関係の醜聞を流したり、スカルノがソ連のKGBの女性工作員と一夜を共にしたという内容の映画を作成して、カリスマ性に傷をつけようと画策しましたが、これまた失敗に終わります。

1961年にケネディがアメリカの大統領に就任すると、インドネシアとアメリカの関係は一時的に良好なものになりました。しかし、ケネディ大統領が暗殺された後、その座に就いたジョンソン大統領は、スカルノに対して「援助が欲しければアメリカの言うことを聞け」という態度を取ります。これにスカルノは反発。スカルノの東側への傾斜を加速させることになりました。

インドネシアの外交面での西側との関係悪化、中国など東側への接近、さらに国内でも軍を抑えるための共産党への接近が目立つようになると、スカルノは東南アジアの共産化を警戒するアメリカの反発を一層買うようになります。

そのインドネシアで、1965年9月30日にクーデターが起こります。スカルノと近かった陸軍の将軍7名が「政権転覆をもくろんでいる」という理由で、陸軍左派による襲撃を受け、殺害されます。これを受けて「クーデター許すまじ」と立ち上がったのは、アメリカ、CIAからの支援を受けていたと言われる、陸軍少将のスハルトでした。スハルトは「真の首謀者はPKI」であるとして、徹底的にPKI、つまり共産党員の取り締まりに乗り出したのです。

これは、中国共産党とも密接だったインドネシアの共産主義勢力をつぶしたいアメリカ、特にCIAによる政治工作ではないか、と言われています。また、この頃、スカルノの健康状態が悪化しており、それを知ったスハルトが権力掌握を狙っていたという説もあります。

この事件の真相は明らかになっていませんが、スカルノ大統領は実権を失い、1968年には大統領職をもスハルトに譲ることになります。

この「9・30事件」をきっかけに、インドネシア国内で大規模な「共産主義者狩り」が行われました。少なくとも50万人の人々が虐殺されたといいます。

しかもその虐殺には、スハルト派の指示を受けた軍や警察だけでなく民間人も加勢しました。「共産主義者は悪だ」と主張する反共主義者や、「共産主義者は神を信じない不心得者であり、敵だ」と考えるイスラム教徒などが、こぞって虐殺に参加したのです。

特に人々の敵意を煽ったのが、「殺された将軍たちが、共産主義者の女性たちに性的暴行を受けて去勢され、目をえぐり取られた」という報道です。人々はこれを信じ、共産主義者への怒りを爆発させたのです。結果、共産主義者はもちろん、無関係の人たちや、華僑というだけで中国共産党との関係性を問われた人々までもが標的になりました。

その傷跡は深く、かつてジャカルタのチャイナタウンは世界で唯一、漢字が使われていない場所として知られていました。事件当時、スハルトが「インドネシア共産党は毛沢東から指示を得ているのではないか。華人が漢字でやり取りすると、秘密のやり取りをしていてもわからない。それは困る」と、漢字の使用を禁じたためです。

こうした共産党への敵愾心《てきがいしん》に乗る形で、共産主義者の虐殺を煽ったのは、間違いなくCIAでした。この時、アメリカはCIAなどの情報員が収集した情報をもとに作成した「共産党員名簿」をスハルト派に提供しています。これはいわば「殺害リスト」。さらにはアメリカの駐インドネシア大使はインドネシア国軍や反共勢力にPKIについての情報も提供していました。

また、これほどまでに大規模な虐殺が行われているにもかかわらず、国際的な非難の声は上がりませんでした。共産主義との闘いに血道を上げるアメリカにとっては、願ってもない事態だったのでしょう。

この9・30事件以降のインドネシアでの大虐殺について、2012年に『アクト・オブ・キリング』というドキュメンタリー映画が制作されました。事件の加害者を取材し、どのように虐殺を行ったのかを再演させるという衝撃的な内容でした。まさに隣人が隣人を告発し、虐殺や虐待に加担したのです。

9・30事件を機に始まった虐殺がひと月ほど続いた後の1965年10月29日、CIAの作戦本部長を務めた経験を持つフランク・ウィズナーは、アメリカのメリーランド州にある農場で猟銃自殺しています。インドネシアでは凄惨な殺し合い、ベトナムでも戦争が起こり、政治工作のために多くの部下を失っただけでなく、狂気とも言える大虐殺を引き起こしたか、少なくとも加担したことを、ウィズナーがどう思っていたかはわかりません。しかしもともと精神を病んでいたそうですから、スパイの悲しい末路だった、と言えるかもしれません。

こうしてスカルノから大統領の座を奪い、第二代大統領に就任したスハルトは、これまでのインドネシアのバランス外交を転換し、中国との国交を断ち、西側諸国に接近します。アメリカは9・30事件への関与を否定していますが、結果的にはアメリカの願うインドネシアになった、と言えるのです。

また1967年、スカルノが権限を失った後のインドネシアは、フィリピンと協力して「反共の砦《とりで》」としてのASEAN（東南アジア諸国連合）を創設します。1965年からアメリカの軍事介入が始まったベトナム戦争を受けて、当初は共産主義の防波堤として発足しました。今は加盟国も増え、東南アジアの経済協力機構としてのイメージが強いASEANですが、当初は反共産主義を掲げていたのです。

チリ・ピノチェトクーデターで民主的に行われた選挙を覆したCIA

アメリカ、CIAの関与が強く疑われるクーデターを、日本の自民党や民社党の議員が「共産主義をつぶした、素晴らしい」と絶賛したという信じられない出来事もありました。1973年に起きたチリのクーデター後、民社党の塚本三郎議員が団長となって調査団を派遣し、現地を視察したうえで「クーデターは天の声」と称賛したのです。日本は民主主義の国のはずで、民社党の元の党名である「民主社会党」にも「民主」の文字が入っているのに、その党の幹部が、民主的な選挙で選出された政権を転覆させたクーデターを称賛したのですから、私は仰天したことを覚えています。

一体、チリクーデターとはどんな事件だったのでしょうか。

チリもアメリカからすればキューバと同様の「裏庭」ですから、社会主義者や共産党の跋扈《ばっこ》には目を光らせていました。また、チリにはアメリカの多国籍企業も進出していました。社会主義化が進めば、こうした企業も国有化されてしまう。キューバと同様の背景が見え隠れします。

1964年に行われた大統領選で、CIAはアメリカに都合のいい候補を支援。反共ポスターやCM、ラジオ放送を行い、実に300万ドルが注入されたと言われています。中には、子どもの額に槌《つち》と鎌、つまり共産主義のシンボルマークが焼き印されているデザインのものまであり、共産主義への脅威が喧伝されました。その甲斐あって、キリスト教民主党のエドゥアルド・フレイ・モンタルバの当選に成功します。

チリには当時、緩やかな社会主義を目指すチリ共産党（PCCh）と武装革命も辞さない革命左派（MIR）が存在していました。1970年になると、アメリカやCIAが行っていた「反共候補」への支援もむなしく、穏健派の社会主義者であるサルバドール・アジェンデが大統領選に勝利します。

それまで、ソ連のように武力を使わなければ社会主義革命は起こせない、と言われていたのに、世界で初めて民主的な選挙で社会主義政権が誕生した、つまり革命が成功したのです。チリ共産党は他の急進派や左派政党と「人民連合」を組織し、アジェンデを支えました。

ニクソンはこの結果を受け入れず、まずは経済的圧力や宣伝によって大統領就任を阻止しようとし、それに失敗すると、今度はCIAに軍事クーデターを起こさせるように指示します。ニクソンがアジェンデ排除のために指示を出した際のメモが残っています。

〈おそらくは十に一つの成功率、しかしチリを救え！　金を使う価値がある。いろいろ危険はあるが、構ってはいられない。大使館を巻き込まない。千万ドル準備できる。必要なら、もっと。全力投球の仕事――最良の人材を充てる。ゲームの計画。経済に金切り声をあげさせる。四十八時間で行動計画を〉（『CIA暗殺計画――米上院特別委員会報告』毎日新聞社より）

まずCIAはチリの軍部に働きかけ、クーデターを起こさせようとしますが、陸軍のトップだったシュナイダー将軍に反対され、クーデターが阻止されます。シュナイダー将軍は「軍は政治に介入すべきではない」という信念を持った人物だったのです。

CIAは邪魔者であるシュナイダーを狙い撃ちにしますが、2度の襲撃に失敗。CIAが直接かかわったかどうかは不明ですが、3度目の襲撃で、シュナイダー将軍は大けがの後に死亡し、そうこうしている間に、アジェンデは大統領に就任してしまいます。するとCIAは、今度は軍のピノチェト将軍に近づきます。大統領補佐官だったキッシンジャーは「アジェンデが自らを穏健派だというなら、我々が過激派を支持したらどうなるか」と述べたと言い、右派の過激派や軍内部の不満分子に資金を投じ、「反共テロ集団」の成立を手助けします。

そして1973年9月、ピノチェトがクーデターに成功。アジェンデは自ら機関銃を持って大統領官邸に立てこもりましたが、最後は死体となって発見されました。自害した、と言われています。

そしてピノチェトは「共産主義者たちが画策していたクーデターを阻止する」という名目で、アジェンデ政権寄りの人々、つまりチリ共産党をはじめとする「人民連合」に連なる人々を、数日のうちに3000人余りも殺害します。しかも、サッカー場に連れ出して次々に皆殺しにしたという、驚くべき凄惨さだったのです。

ピノチェトの背後にはアメリカの存在がありましたから、国際的な非難の動きは盛り上がりませんでした。ピノチェトは独裁政権となり、その後も数万人とも言われるチリ人が行方不明になり、投獄され、拷問にかけられました。「仲間の共産主義者の名前を吐け」というわけです。そのやり方も実に残酷で、ヘリコプターで上空に上がり、仲間の名前を吐かなかった場合にはそこからポンと海上に放り出すのです。これでは具体的な犠牲者数が実際にどれほどだったのか、把握しきれないのも無理はありません。

こうした状況を当時、日本の国会議員がどこまで正確に把握していたかは定かではありません。しかし、少なくとも大勢の人々が殺害されたことは確かです。にもかかわらず「クーデターは天の声」と述べた議員がいたと聞いた当時の私の衝撃が、ご理解いただけるのではないでしょうか。

クーデター後のチリのピノチェト政権はアメリカの支援を一身に受け、軍事独裁政権を推し進める一方で、アメリカのシカゴ学派の「新自由主義」経済学者たちが派遣され、チリは広大な「新自由主義の実験場」となります。

新自由主義者の代表的な学者のミルトン・フリードマンなども大喜びで弟子を引き連れてチリで改革を行い、その成果を「チリの奇跡」と呼んだほどです。しかし何万人もの犠牲の上に築いた繁栄であることを考えれば、それが「奇跡」と呼べるのでしょうか。

ピノチェト政権は17年も続き、その間、人々は弾圧され続けました。1990年にようやく民主化されましたが、残された爪痕はあまりに深かったと言わざるを得ません。

CIAの非道さに突き付けられた暗殺禁止令

こうした数々の政治工作は、当時の国際社会はもちろん、アメリカ国民にもほとんど知られていませんでした。そもそも「スパイの仕事は失敗事例しか明らかにならない。成功事例は工作と気づかれることさえないからだ」と言われるくらいで、実際には成功したまま、明らかになっていない工作もあるのでしょう。

政府や情報機関としては、暗殺や政権転覆など、国民の理解を得られない工作や陰謀は、政権としてもひた隠しにしたくて当然です。ここまで説明してきた数々のCIAなどの情報機関の関与、政治工作、スパイ活動も、後になって判明した事実を多く含んでいます。

しかし、やりたい放題やってきたＣＩＡにも転機が訪れます。

１９７１年に、ベトナム戦争中にスクープされた「ペンタゴン・ペーパーズ」の中で、トンキン湾事件の「北ベトナムによる米艦攻撃」については、アメリカによって情報の一部が捏造されていたことが明らかになります。さらに、同文書でベトナム政策に対するアメリカの表と裏の姿勢が見えてきます。

１９７４年のウォーターゲート事件では、共和党のニクソン大統領を再選させようと、元ＣＩＡ職員らがライバルである民主党全国委員会の部屋に盗聴器を仕掛けに入ったことが発覚します。盗聴、司法妨害、証拠隠滅などの事実が明るみになり、事件をもみ消そうとしたニクソン大統領は失脚、アメリカ国民の政府やＣＩＡなどの情報機関に対する不信が高まります。

ウォーターゲート事件では、「ワシントン・ポスト」紙の記者、ボブ・ウッドワードとカール・バーンスタインが「ディープスロート」と呼ばれる情報源からヒントを得て、政府のもみ消し工作を報じ続けます。この事件は『大統領の陰謀』という映画にもなっています。映画でディープスロートが薄暗い地下の駐車場で記者らにヒントを出していたように、実際に記者らは彼の言葉をヒントに取材や検証を進めていました。

このディープスロートとは一体誰だったのか。事件から実に31年後の２００５年、事件当時にF

BI副長官だったマーク・フェルトが「自分がディープスロートだった」と名乗り出ました。国内捜査を担当するFBIのフェルトは、ニクソン大統領がCIAを国内で使っていたことに反発していたといいます。ウォーターゲート事件の背景にはCIA対FBIという対立があったことがわかりました。

それにしても、アメリカは国内外で、一体、何をどこまでやってきたのでしょうか。1975年、アメリカ政府はそれを明らかにするために、ホワイトハウス内にフォード政権の副大統領だったネルソン・ロックフェラーが仕切るロックフェラー委員会を設置し、アメリカ議会は上院に民主党のフランク・チャーチ上院議員が仕切る特別委員会、通称「チャーチ委員会」を設置し、歴代政権や大統領はもちろん、CIAやFBI、NSAが何をどこまでやったのかを徹底的に調査することになりました。

ロックフェラー委員会は、アメリカの情報機関が国内の左翼勢力を調査し、新聞記者を盗聴、郵便を開封するなど、アメリカ国民に対して様々な監視行動を行っていたことを明らかにします。

チャーチ委員会では、NSAが「シャムロック作戦」によって1945年から30年にわたり、前身のAFSA（軍保安局）時代から、アメリカ人の国内外での通信を監視していたことが明らかになりました。これによって、「No Such Agency（そんな機関は存在しない）」の頭文字を取ったと言われていたほど存在が不確かだったNSAの実在と実態が明るみになります。

さらにアメリカ国民のみならず、世界を驚愕させたのが、外国要人に対する暗殺計画の存在です。その対象はキューバのカストロ、コンゴのルムンバ、ドミニカのトルヒーヨ、南ベトナムのジエム、チリのシュナイダーで、この5名のうち実に4名が既に殺害されていたのです。CIAが殺したのではないか。あるいは殺害を誰かに委託したのではないか。歴代大統領はどこまで知っていたのか。こういったことが委員会で徹底的に調査され、報告書として公開されたのです。

調査結果にはこう書かれています。

①カストロ及びルムンバ暗殺計画は、米政府職員が創案した。
②米政府職員によって創案された暗殺計画によって殺害された外国要人はいない。
③米政府職員は、トルヒーヨ、ジエム、シュナイダーの死を招いた陰謀計画に対し、激励するか、関知していた。
④暗殺計画は危機的状況と認識された冷戦の雰囲気の中で起こった。
⑤米政府職員は、クーデター指導者の行動を制御できる能力を過信していた。
⑥CIA職員は暗殺計画に札付きの暗黒街の人物を利用した。

そのうえで、こう結論付けています。

①米国は暗殺に手を貸すべきではない。

②米国は犯罪行為の実行人として暗黒街の人物を利用すべきではない。

（『CIA暗殺計画』より）

CIAは実際には失敗続き、あるいは思いもよらぬ惨事を引き起こしていましたが、国民からは「共産主義からの『防波堤』」と見られていました。この報告により、CIAに対するアメリカ国民の信頼は地に落ちました。

この議会調査が行われている最中に、次のCIA長官に指名されたのはジョージ・H・W・ブッシュ（パパ・ブッシュ）。つまり、のちの第41代米大統領でした。ブッシュ長官は、「議会調査はCIAにとって大きな打撃だ」「今後、暗殺はしない」と述べたものの、「クーデターを支援しないとは言えない」と、政権転覆にかかわる政治工作への以後の関与については言葉を濁したのです。

そしてアメリカ議会はCIAに対して「暗殺禁止令」を出しますが、これはジョージ・W・ブッシュ大統領、つまり息子ブッシュが9・11後のウサマ・ビンラディン殺害のため、「アメリカの敵に対しては暗殺禁止令を解除」する2001年まで続きます。

なお、1975年にはもう一つのチャーチ委員会が開催されています。それは上院外交委員会・多国籍企業小委員会で、CIAを調査した委員会のトップと同じ、フランク・チャーチが委員長を務めました。そのため、この会議もチャーチ委員会と呼ばれることがありますが、この委員会の調査や報告書により、日本の田中角栄元首相が関与していたとされるロッキード事件が発覚し、田中元首相が逮捕されます。そのため、日本でチャーチ委員会というとこちらの多国籍企業小委員会の方が知られています。

ポル・ポト政権の大虐殺の裏にもCIAが

アメリカが支援したクーデターが、ひいては共産主義者を助けることになり、大惨事を招いた例もあります。それがカンボジアのポル・ポト政権による自国民の大虐殺でした。

カンボジアは、元は専制君主国家でシアヌーク殿下が国を治めていました。しかしカンボジアが国境を接しているベトナムで南北の対立が深まると、カンボジアは北ベトナムから南ベトナムの解放戦線に武器などの物資を送る経由地になってしまいます。この物資輸送ルートは、ホーチミン・ルートと呼ばれました。

ベトナム戦争で南ベトナムを支援していたアメリカとすれば、このルートをつぶしたい。しかしシアヌーク殿下は北ベトナムを怒らせたくないので、北ベトナムの武器が自国内を通過することを黙認していました。

ここでアメリカ、ニクソン政権はまたしても、「クーデターによってシアヌーク体制を転覆させよう」と考えたのです。そこで1970年、ベトナム戦争中にCIAは、カンボジアのロン・ノル将軍をそそのかし、シアヌークがソ連に訪問した機を狙ってクーデターを起こさせました。これに成功し、してやったりのアメリカはロン・ノル政権と協力して、ホーチミン・ルートを攻撃します。

行き場を失ったシアヌークは中国に移り、中国共産党にかくまわれることになります。しかしこれが、大きな問題になりました。シアヌークがカンボジア共産党の「反ロン・ノル政権」のシンボルになってしまうのです。シアヌークを、いわば神輿《みこし》に担いだカンボジア共産党は、カンプチア民族統一戦線を結成します。カンプチアとは、カンボジアの古い名称です。このカンプチア統一戦線がロン・ノル打倒を掲げ、内戦に発展します。

そして1975年、隣国のベトナム戦争が終わるのとほぼ同時に、カンボジアでもカンプチア民族統一戦線が政権を打ち負かし、統一戦線のリーダーだったポル・ポトが実権を握ることになります。

ポル・ポトはフランス留学中、フランス共産党に感化されました。当時のフランス共産党は、資本主義世界の中で異例とも言える影響力を持っていました。フランス国民が、フランス革命を誇りに思い、「革命」を標榜する組織に親近感を持っていたのかもしれません。ポル・ポトは共産主義者の中でも毛沢東主義者でした。共産党の理想をカンボジアで実現するぞ、とやる気に満ち溢れていたのです。

また、当初はカンボジア国民も、「これでようやく内戦が終わる」とポル・ポト政権を歓迎しました。ところが、カンボジア共産党に担がれていたはずのシアヌークは幽閉され、カンボジアで始まったのは「共産主義の理想を直ちに実現する」ための強烈な独裁政治でした。

まずカンボジアの首都・プノンペンに住む市民を全員、農村に連行し、農業に従事させます。逆らうものは殺し、次いで貨幣経済は資本主義の産物であるとして、紙幣の利用停止を宣言。当然、市民から抗議の声が上がりますが、反対するものはやはり殺されてしまいます。そして中国の毛沢東が実践して大失敗した「大躍進政策」を実行に移し、実に300万人ともいわれる人々が命を失いました。

特に知識人に対する弾圧はひどいものでした。眼鏡をかけていればインテリとみなして殺害、本を読むものは知識人なので殺害。教員も殺害。海外に留学しているカンボジア人も、国外で反政府運動を煽られては困るからと、わざわざ呼び戻して殺害。「頭でっかちになるだけで、肉体労働をしないのは間違っている」という毛沢東思想に則《のっと》ったものでした。

私はこの知識人たちが殺害される前に収容されていたトゥールスレン収容所を取材したことがあります。ここはポル・ポト政権が報告と管理のために撮影していた、殺害された人たちの写真がずらっと掲示されています。元は高校の校舎だったというこの収容所には、実に2万人もの知識人が収容され、生きて出られたのはわずか7人だったといいます。この悲惨な大虐殺も、のちに『キリング・フィールド』という映画になっています。

CIAが余計な手を出したことが、回り回って共産主義者の跋扈《ばっこ》を許し、人類史に残る大虐殺を引き起こしました。一方で、残虐行為を行う政権を支持していたのが、中国共産党であったことも指摘せざるを得ません。共産主義の負の側面によって、多くの犠牲が出ることになってしまいました。

ポル・ポト政権は、国内での抑圧に対する不満が高まると、外部に敵を作り出して国民の不満を逸らそうとします。ベトナムに対し、軍事挑発行為を繰り返したのです。これに怒ったベトナムがカンボジアに軍事侵攻すると、ポル・ポト政権はあっけなく崩壊してしまいます。その後、ポル・ポトが辺境に逃亡して反撃に出ることで、カンボジアでの内戦が続きます。

すると、ポル・ポト政権を支援していた中国は、ベトナムに軍事侵攻します。当時、日本を含めた世界各国で「社会主義勢力は平和を求める勢力」と主張していた社会主義者や社会主義にシンパシーを持った人たちは、「社会主義国家同士の戦争」に度肝を抜かれます。

また、当時、中国とソ連は敵対しており、ソ連はベトナムを支援します。特にソ連側の衛星情報をもとに、中国軍の動向をベトナムに伝えます。ベトナムも、アメリカがベトナムを撤退する時に南ベトナム政府軍に渡していった最新鋭の兵器を使って中国軍に対抗し、中国軍を追い出すことに成功しました。

ここには、冷戦下で頻繁に起きていた西側対東側、資本主義陣営対社会主義陣営の対立ではなく、社会主義国同士の争いの代理戦争としての側面も存在していたのです。

ではなぜ、ソ連と中国は対立したのかについてもここで触れておきましょう。もともと中ソは、1950年に中ソ友好同盟相互援助条約を結んでいた同盟国でした。しかしその後、革命観などにずれが生じ始めます。

1956年にソ連のフルシチョフ第一書記がソ連共産党第20回大会での秘密報告で、スターリン批判を展開します。スターリンに対する個人崇拝を激しく非難したのです。スターリン路線を是とし、国内で自らの偶像化を進めていた毛沢東はこれを自分への批判と受け取り、対立が深まります。

それでも1965年、ベトナム戦争が始まった当初は、中ソともに北ベトナムを支援していましたが、1969年3月には珍宝島事件が発生します。これは中ソ国境を流れるアムール川支流のウスリー川の中州にある珍宝島（ダマンスキー島）の領有権をめぐる軍事衝突です。

アメリカはこうした中ソの仲たがいを見逃さず、1972年にニクソン大統領が国交のなかった中国を電撃訪問しました。この突然の出来事は世界を驚かせ、当時中国と国交がなく、アメリカから何も知らされていなかった日本もびっくりし、「ニクソン・ショック」とも言われました。

1979年、まるで映画のような在イラン米大使館占拠人質事件

第2章で、CIAが引き起こしたイランのクーデターを取り上げましたが、その報復とも言える事件が起こります。

1979年、イラン革命（イスラム革命）が起きると、イランの首都テヘランにあるアメリカ大使館が、イランの学生たちを中心とする活動家に占拠されたのです。当時、米大使館内にいた外交官や海兵隊員の駐在武官、外交官の身分で現地にいたCIA諜報員など52名が人質となり、実に400日以上も拘束される大事件となりました。

事件の舞台となった在イラン・アメリカ大使館は私も取材したことがあります。大使館の中には、CIAテヘラン支局も入っていました。今のような指紋認証や網膜認証のような技術はない時代でしたが、職員に割り振られたID番号をドア前で入力し、そのドアの手前に置いてある台に乗って、登録している体重と合っているかどうかをチェックしてドアが開くようになっていました。急に太ったり痩せたりしたら入室できないのではないかと思いましたが、部屋の中にはパスポ

ートの偽造セットも残されていて、当時のCIAの活動ぶりがわかります。

旧大使館は今では「反米展示館」のようになっており、アメリカの「悪事」が一望できるようになっています。窓は二重になっていて、外からの盗聴に耐えられるように、窓ガラスも二重になったままでした。バシジと呼ばれる民兵が今も大使館の周囲を警戒しており、うっかり写真を撮ると拘束されかねない、という場所です。

1953年に英米が政治工作によってイランのモサデク政権を転覆させたのちに、実権を握ったのはパーレビ国王でした。親米派のパーレビ国王は国内に外国資本を入れ、国営企業の民営化を進めました。国内では近代化が進み、女性たちの中には肌を出したり、ミニスカートをはいたりする姿も見られるようになりました。

1950年のクーデター当時、パーレビ国王はイラン国民から支持を得ていましたが、1970年代からは急速な近代化に対する反発が生まれるようになります。さらには「アメリカにいいようにやられているだけなのではないか」「そもそも国王はアメリカの傀儡なのでは」と、国王の存在そのものに対する反発が高まるようになりました。パーレビ国王はこうした反政府的な人々を「イスラム原理主義者」とみなし、秘密警察を使って弾圧したため、政府と反政府派の対立は深まる一方でした。

その反政府派の中心にいたのがイスラム指導者のホメイニ師です。ホメイニ師は第二次世界大戦中から、パーレビ国王の西欧化、特にアメリカとの距離の近さに強烈な反発を覚えていたといいます。パーレビ国王を批判したためにイラン国内にいられなくなり、1978年にパリに亡命。パリから反政府運動を主導していたのです。

しかし、1979年1月、反体制派が王制打倒を掲げ、反政府運動を激化させると、パーレビ国王は自ら飛行機を操縦してエジプトに亡命。それを受けて2月にホメイニ師がパリからイランに帰国します。その後、各地を転々としたパーレビ国王は10月、マンハッタンの病院に「がんの治療のため入院する」という名目でアメリカに渡ります。これを知った革命勢力は激怒。「やはりシャー（国王のこと）はアメリカの傀儡だったのか」とばかりに反発は最高潮となり、大暴動へと発展しました。

在イラン米大使館占拠事件は、やりたい放題やってきたアメリカの情報機関が、現地の活動家や学生たちに「してやられた」事件でもあったのです。しかも、CIAはイラン国内で情報収集活動をしていながら、暴動がここまで発展することを予測できませんでした。事件前の1978年8月のCIAの分析では、「イランは革命の機運になく、革命を起こしそうな状況にもない」とするなど、革命の兆候を全く摑めていなかったことがわかっています。1975年のチャーチ委員会でこれまでの政治工作が明るみに出され、CIAの権威が失墜していたことも影響していたのかもしれません。

実は1979年2月、パーレビが亡命した時点で、一度、米大使館はイラン国民によって占拠されているのです。にもかかわらず、次なる大使館占拠、さらには職員まで人質に取られる事態を避けられませんでした。米外務省はもちろん、CIAを含む米政府の大きな失態です。

では人質事件はどのように始まり、終わったのでしょうか。

1979年10月22日、テヘランのアメリカ大使館に学生たちが大挙して押し寄せ、米大使館の周りをぐるりと囲みました。押し入られるのも時間の問題だ、と判断した大使館職員らは、大慌てで館内の機密文書を燃やし、あるいはシュレッダーにかけ、工作用の偽造パスポートなどを破棄しました。ところが、その後大使館に突入した学生たちは、シュレッダーにかけた後の細切れになった機密文書を驚きの執念で復元してしまいます。これによって、アメリカ側の機密情報の多くがイランの手に渡った、と言われています。

11月4日、学生たちは大使館に押し入り、職員らを人質に取って大使館を占拠しました。大使館員らは事態の悪化を避けるために発砲措置などの抵抗姿勢は取らなかったため、暴徒化した学生たちの侵入と、52名にも上る職員らの拘束を許したのです。

職員を人質に取った学生たちの要求は、「人質を解放してほしければ、シャーを引き渡せ」というものでした。しかし当然ながら、アメリカはこれに応じるわけにはいきません。当時のカーター大統領は「人質を殺したらイランを軍事攻撃する」と述べましたが、これは逆に言えば人質の命が保証されている限り、軍事介入は行わないということにもなります。カーター大統領はあくまで外交戦略優先の姿勢を貫きましたが、イラン側のホメイニ師は国王引き渡し以外の一切の条件に応じない構えを見せ、事態は膠着《こうちゃく》状態となりました。

「軍事介入をせず、相手の要求にも応じず、一体どうやって人質を奪還するのか」。人質が拘束された日数がたてばたつほど、カーター大統領は国内からの批判にさらされることになったのです。

実は大使館員が拘束される際に脱出を試みたうちの数人は、命からがら成功し、テヘラン市内にあるカナダ大使館の大使公邸に避難していました。しかし外はイランの反政府派が見張っており、建物の外に出ることも、国外に逃げることもままなりません。そこで、彼らの帰還計画を、CIAが担当することになります。これがまさに映画のような話なのですが、「彼らはアメリカ大使館の職員ではなく、カナダの映画撮影にかかわるスタッフである」と身分を偽ることで、イランからの脱出を試みる計画を実施することになったのです。

この脱出計画は2012年公開の『アルゴ』という映画のテーマになりました。この「アルゴ」というタイトルは、実はCIAの脱出計画で作られた偽映画のタイトルでした。CIAは計画を本物に見せるため、偽映画のタイトルや脚本を実際に制作するだけでなく、映画会社までも設立する力の入れようだったのです。そしてカメラなどの撮影機材、いかにも映画撮影スタッフのような衣装などを隠れ家に運び込みました。

そして見事、この作戦は奏功し、1980年1月に6名が帰国に成功しました。当時、脱出計画は機密扱いとされていましたが、1997年、クリントン政権下でようやく全貌が明らかになったのです。あっと驚く発想で仲間を帰還させた、CIAの面目躍如といったところでしょうが、当時は計画自体が明らかにされていなかったので、当然、CIAにもスポットは当たりませんでした。

余談ですが、この映画『アルゴ』の中でアメリカの大使館職員がシュレッダーにかけた文書を、執念でつなぎ合わせる作業を行ったのはイランの子どもたちである、という設定で描かれていましたが、旧大使館を管理していたイランのスタッフに取材すると、「館内で『アルゴ』の試写会をした。実際につなぎ合わせたのは我々だった」と憤慨していました。

一方、大使館で拘束された職員たちは、寝ている間も手足を縛られ、入浴も排泄も満足にできない生活を余儀なくされていました。アメリカ国内では、政府への批判はもちろん、反イランデモまで起こる騒ぎになり、カーター大統領には事態打開を求める強い圧力がかかっていました。

実はカーター政権は事件発生直後から、軍がヘリを派遣し、特殊部隊を大使館に突入させて人質を奪還するという「イーグルクロー作戦」を練っていました。陸海空軍、さらに海兵隊というアメリカの4軍を統合し、できたばかりの特殊部隊「デルタ・フォース」を任務に当たらせるという、アメリカの威信をかけた作戦でした。

ただし、成功へのハードルが高いこと、大使館突入時に双方に死傷者が出ることは確実なことなど、あまりにリスクが大きいことからなかなか実行に踏み切れないまま、延期に次ぐ延期となっていました。

しかし1980年4月24日から25日にかけて、ついに奪還計画が実行に移されます。なぜ、この時期だったのか。1980年11月に、カーター大統領は2期目を務められるかどうかの大統領選を控えていましたから、「奪還が成功すれば大統領選を有利に戦える」との思惑があったことは否定できないでしょう。

ペルシャ湾に停泊する空母ニミッツからヘリを飛ばし、さらに輸送機も向かわせる大規模な奪還計画でしたが、奪還どころか、大使館にたどり着く前に砂漠でヘリコプター同士が衝突。計画に携わった米兵8名の死者を出してしまいます。

事故が起きたことを知ったイラン側が激怒したのは言うまでもありませんが、作戦失敗が伝えられたアメリカ国内からも、政権批判の声が一層高まることになりました。当然、カーター政権の支持率はガタ落ちになりました。

では最終的に、どのように人質事件は解決したのか。それは1980年7月にパーレビ国王が死去したこと、さらに9月22日にイラン・イラク戦争が勃発したことで「人質どころではなくなってしまった」ため、1981年1月20日に、人質が444日ぶりに解放されるに至りました。

この時、人質となっていたアメリカ大使館職員らを出迎えた大統領は、カーターではなく、1980年11月の大統領選挙で勝利したロナルド・レーガン大統領でした。カーター大統領は人質事件の長期化、奪還作戦の失敗で支持を失い、大統領の座を手放すことになったのです。

ソ連のアフガニスタン侵攻と「テロの時代」の萌芽

互いに情報網を世界各地に張り巡らせてきた米ソですが、1970年代には、両国の平和共存を目指すデタントと呼ばれる緊張緩和の状態に突入していました。1962年のキューバ危機後の米ソは、「対立はするにしても、核戦争で滅びることは双方ともに望んでいない」と考え、まずは核保有を前提としながら、軍事的な緊張を緩和しようと考えたのです。

そして1972年にはニクソン大統領がソ連を訪問。ブレジネフ書記長との間で第1次戦略兵器制限交渉（SALTI）の取り決めに調印し、対弾道弾ミサイル（敵のミサイルを迎撃するミサイル）の配備をお互いにしないこと、さらにICBMなどの戦略的兵器の保有に上限を求めることで合意します。さらに、1975年には全欧安保協力会議首脳会談が行われ、「西側・東側という壁をなくし人や情報の行き来を可能にする」「人権を重視すべき」というヘルシンキ宣言が行われます。

これで「米ソがいつ戦争に発展するか」という緊張状態がようやく緩和されるのではないか……と考えたのもつかの間、ソ連がそれをぶち壊す行動に出ます。1979年12月24日、突如ソ連軍がアフガニスタンに侵攻するのです。

これまでにもソ連は1956年にハンガリーで起きた民衆蜂起に対し、戦車2500両、歩兵部隊15万人という規模の侵攻を行い、これを鎮圧しています。またチェコスロバキアで「プラハの春」と呼ばれる共産党内の改革が試みられた際も、ワルシャワ条約機構軍による武力介入で、これをつぶしています。言論の自由や市場原理の導入という改革が、チェコスロバキアのソヴィエト連邦からの離脱や東欧諸国への民主化の波及に至ることを恐れたためです。

しかし、これらはあくまでもハンガリーやチェコスロバキアのようなソ連の衛星国に対するものでした。

ところがアフガニスタンは、ソ連の一部だったトルクメニスタン（当時の名称はトルクメン共和国）、ウズベキスタン（ウズベク共和国）、タジキスタン（タジク共和国）の隣国ではあるものの、ソ連の影響下にあった国ではありません。1978年には共産主義政権が誕生しましたが、それに対抗する武装勢力が台頭するなど、不安定な情勢が続いていました。これまでのパターンを知ったうえでこの「共産主義政権と、それに反発する反政府勢力」という構図を知れば、その後のストーリーは予測できるでしょう。

ソ連は「隣国に、反共産主義の政権ができてはたまらない」と考え、アフガニスタンに侵攻します。しかし実は、ソ連の勝手な判断による侵攻だけが、この泥沼の戦争が始まった理由ではありませんでした。ここにもやはり、アメリカの政治工作・秘密作戦が存在したのです。

これはソ連の撤退から9年後に明らかになったことですが、当時、アメリカのカーター政権の国家安全保障問題担当特別補佐官だったブレジンスキーが「アフガニスタンへの反政府勢力への秘密の援助は、ソ連軍の侵攻よりも半年早い1979年7月に始まっていた」「我々がソ連を軍事介入に追い込んだのではない。だが意図的に力を加え、ソ連がそう出てくる蓋然性を高めていったのだ」と明かしたのです。

ただしソ連も、侵攻まで何もしていなかったわけではありません。KGBは1960年代からアフガニスタン軍の軍人3000人余りをソ連領内で訓練したり、カブール大学内に共産主義者を育てたりするなどの工作を行っていました。1978年にアフガニスタンのムハンマド・ダウド大統領がカブールの共産主義者らを逮捕すると、軍内部の「ソ連派」が蜂起、宗教的指導者を弾圧するなどの行動に出ていたのです。

ソ連は「アフガニスタンのアミーン書記長から助けを求められた」という口実で侵攻を開始します。ところがソ連軍は「嵐333号作戦」を発動し、アミーンのいる宮殿へ、KGB組織の中で特殊任務を担当するアルファ部隊やGRUに所属する、こちらも特殊部隊のスペツナズなどを投入し、当のアミーンをすぐに殺害。アフガニスタンのトップの首をすげ替えてしまいました。アミーンがアメリカやパキスタンに接近しようとしているのではと考えたからです。

これに怒ったのはアフガニスタン国内のイスラム教徒です。イスラム教を重んじる土地に、宗教を否定する共産党の軍が侵入し、占領軍として駐留するなどということは、絶対に許せない。そこでアフガニスタン国内の武装勢力はもちろん、周辺のイスラム国家、特にサウジアラビアからソ連に対抗するための応援がやってきます。彼らは、「この戦いは神のために戦う『ジハード（聖戦）』だ」と言って猛反撃。アラビア語で「ジハードを戦うもの」を指すムジャヒディンの抵抗によって、ソ連は苦境に陥ります。

ソ連のアフガン侵攻を見て、「絶好のチャンス」と考えたのがアメリカの政権でした。アフガニスタンでソ連が消耗すれば、ソ連を弱体化させることができる。自分たちもベトナム戦争でソ連の支援を受けた北ベトナムによってさんざんな目に遭いましたから、その仕返しができると考えたのです。

そこでアメリカはパキスタンを経由し、アフガニスタンで戦うムジャヒディンに大量の武器と資金を提供します。その資金は、最盛期で年間6億ドルにも達しました。この時支援された武器で有名なのが、スティンガーミサイルという肩に担いで使う地対空ミサイルです。小銃程度の武器しかなかったアフガニスタンのムジャヒディンは当初、ソ連のヘリに空から攻撃を受け苦戦しましたが、スティンガーで形勢が逆転することになります。

この時の歴史を振り返ると、私は現在のロシアによるウクライナ侵攻を想起してしまいます。アメリカはウクライナに莫大な軍事支援をすることで、ロシア軍に多大な損害を与えています。もはやロシア軍は他の国を攻撃することができないほどに弱体化しています。当時のアメリカはスティンガーミサイルを供与しましたが、ウクライナには対戦車ミサイル・ジャベリンを供与し、ロシアの戦車に多大な被害を与えています。まるで歴史が二重写しに見えてしまいます。

1979年、アメリカは武器を供与するだけではなく、CIAの人員を送り込んで武器を使う訓練まで行いました。パキスタンのISI（パキスタン軍統合情報部）もCIAと組んで、イスラム教徒のゲリラを支援しています。ただし、パキスタンはこの時、アメリカから渡された武器や資金をすべてアフガニスタンに渡すのではなく、途中でかなりの量をくすねていたようです。その武器や資金を使って、パキスタン国内でもゲリラを養成していきました。

こうしたアメリカの支援によって形勢は逆転したものの、ソ連は実に10年近くアフガニスタンで戦い続け、撤退したのは1989年のこと。投入された兵士はのべ10万人。まさにアメリカがベトナムで経験したような「泥沼」にはまり込んだのです。

その後、ソ連は1991年に崩壊しますから、アフガニスタンでの消耗がどれだけ打撃になったかがわかるというものです。もちろん、アメリカとしては「してやったり」の結果となりました。

しかし、それだけで済まないのが歴史の怖いところです。ソ連が撤退した後のアフガニスタンにアメリカも興味を失い去っていきましたが、アフガニスタン国内ではイスラム系武力組織が対立し、テロとゲリラが横行するようになりました。

ソ連との戦争中、アメリカの支援を受けていたムジャヒディンの中に、あのウサマ・ビンラディンもいました。2001年9月11日、アメリカで同時多発テロを起こしたアルカイダのリーダーです。

ビンラディンはソ連との戦争が終わった後、出身地のサウジアラビアに帰国しますが、アフガニスタンで「神学生たち」を意味するタリバンが政権を取ると、アフガニスタンでアルカイダという組織を作ります。

ビンラディンにとって、サウジアラビアはメッカ、メディナという聖地を抱える場所であったにもかかわらず、湾岸戦争の際、サウジアラビアを支援するため異教徒であるアメリカの軍隊がやってきて、さらには女性兵士までもが半袖・短パン姿で肌を露出して歩き回りました。男女問わず、人に肌を見せるべきではないと考えるイスラム教徒のビンラディンにとって、こうした米兵の振る舞いは暴挙であり、冒瀆《ぼうとく》だったのです。

そして反米意識を高めていったビンラディンが、2001年、アメリカ本土でのテロを計画、実行したことは読者の皆さんもご存じの通りです。アメリカの武器と教育を受けて聖戦を戦った兵士が、対アメリカのテロの親玉に育ってしまった。歴史の因果を感じざるを得ません。

ちなみに、2023年現在、ウクライナに大量の武器が世界各国から送り込まれていますが、その一部は行方不明になっていると伝えられています。ウクライナで行方不明になった武器が、ヨーロッパの闇市場を通じてマフィアや中東の過激派に流れることが心配されています。

第4章

スパイ時代の終焉とサイバー空間での攻防

ソ連崩壊、湾岸戦争、CIAが用済みに

1989年にドイツでベルリンの壁が崩壊し、1991年にソ連が崩壊します。

しかし、CIA（中央情報局）は、1988年12月に提出した大統領向けの報告書で「ソ連は盤《ばん》石《じゃく》」としていました。ゴルバチョフがソ連軍の大幅な縮小を行うなどして、崩壊に向かって変化し始めていたにもかかわらず、その兆候を全く摑んでいなかったのです。

一方で、ソ連崩壊前後には、ソ連の情報活動の一端が明らかになる事例が続いていました。その中には、日本を舞台にしたKGB（国家保安委員会）の暗躍もありました。

1975年には、ソ連の「ノーボスチ通信」記者という立場で来日したアレクサンドル・マチェーヒンが、実際にはスパイとして日本で活動していたことが発覚します。在日アメリカ軍の下士官に接近し、数十回も会食や家族ぐるみの会合を重ね、軍事機密を持ち出させようとしたのです。時には「あなたのお子さんに」と子どもの誕生日プレゼントまで持参して、ターゲットを口説こうとしていたようです。しかしマチェーヒンは1976年に逮捕され、起訴猶予処分になるや、ソ連に帰国しました。

マチェーヒンが軍事情報を収集していたのは、おそらくGRU（ソ連邦軍参謀本部情報総局）に所

スパイ列伝 ❸

スタニスラフ・レフチェンコ

（1941-）

ソ連ＫＧＢの元要員。モスクワ大学などで日本について研究し、1965年にソ連共産党中央委員会の通訳となり、たびたび来日する。週刊誌の東京特派員というレジェンドで、日本に幅広いスパイ網を構築。1979年にアメリカに亡命後、1982年に、日本でのスパイ活動について証言した。

（写真：CNP/時事通信フォト）

属していたからなのでしょう。この頃、ソ連はアメリカだけでなく中国の軍事情報も得るために、日本に工作員を派遣していました。ソ連は中国と関係が悪化して以来、中国をも仮想敵国として、軍事情報を収集していたのです。スパイ活動のしやすい日本で、アメリカから中国の情報を得るという手法を用いていました。

さらに注目すべきなのは、レフチェンコ証言です。1982年、ソ連のKGB職員として、ロシアの週刊誌「ノーボエ・ブレーミヤ」の特派員という仮の姿でスパイ活動を行っていたスタニスラフ・レフチェンコが、亡命先のアメリカの下院情報特別委員会で日本でのスパイ活動について証言したのです。

レフチェンコは1975年から、アメリカに亡命する79年までの間、日本にスパイ網を構築し、ソ連に融和的な人々を増やすため、政治家、自衛官、財界人などに接触しました。「(広い意味での）エージェントとして獲得した人数は200人以上」と発言し、さらにその実名を挙げたために日本も大騒ぎになったのです。

驚くべきことに、レフチェンコは日本のほとんどの新聞社内に協力者を抱えていたと証言。特に成功例としてレフチェンコが名前を挙げたのが、産経新聞の山根卓二編集局長で、KGBの工作を担当する専門家が捏造した「周恩来の遺書」を署名記事で紹介させ、日中間の関係悪化を狙ったといいます。そのほか、テレビ朝日の三浦甲子二《みうらきねじ》専務や、政治家では労働大臣を務めた自由民主党の石田博英、日本社会党の勝間田清一委員長などが、レフチェンコの「協力者」として名前が挙がっています。名前の挙がった人たちはいずれも否定し、事実関係は必ずしも明白ではありませんが、レフチェンコが築いた人脈の広さは、当時の日本社会に大きな衝撃を与えました。

レフチェンコの日本国内での活動の目的はエージェントから重要情報を吸い上げるというたぐいのものだけではなく、親ソ派の有力者を育て、日本の世論をソ連寄りにすることで政策に反映させ、ひいては日米関係にくさびを打ち込むことだった、と明かしました。さらには日本、ソ連と反発するようになった中国とアメリカの結び付きが強まることも警戒し、東京・ワシントン・北京の「反ソ・トライアングル」形成の可能性は何としても排除しなければならないとして、工作活動を行っていたというのです。

そのために、「アメリカは戦争を引き起こし、ソ連は平和を推進する」と相手に思い込ませる。そして、反戦運動や人権運動の観点からアメリカを批判している人たちに近づき、反米感情を煽って、「本人が気づかないうちに結果的にソ連の政策を支持し、味方をするよう誘導する」のが役目だったとも語っています。こうした活動は「アクティブ・メジャーズ（積極工作）」と呼ばれ、ソ連時代からロシアが得意とする手法です。レフチェンコは「日本はスパイ天国」とも言い残しています。

この二つの証言はソ連崩壊前に明らかになったものですが、崩壊後にはさらにロシアから重要文書が流出するなどして、いかにKGBが西側に入り込み、協力者やエージェントを得ていたかが様々な形で立証されるようになっていきました。

中でもソ連崩壊後衝撃的だったのは、1997年に発覚した「黒羽《くろば》・ウドヴィン事件」でしょう。ソ連時代はKGB、ソ連崩壊後はSVR（対外諜報庁）に所属していたウドヴィンという人物が、日本でロシア大使館の一等書記官をレジェンドにして、とある朝鮮系ロシア人を日本人の「黒羽一郎」に仕立て上げ、日本国内はもちろん海外でも30年にわたって工作活動を行っていたことが発覚したのです。朝鮮系でしたから、日本で活動していても外見上は違和感がなかったのです。

元の黒羽一郎さんは、福島県在住の歯科技師で1970年前後に突然失踪し、行方不明になっています。その後、「黒羽一郎」に成りすました朝鮮系ロシア人の男は、貿易会社に勤務し、黒羽さんの戸籍を使って結婚。日本国内で情報収集を行った他、海外にも渡っており、在オーストリア日本大使館で黒羽さん名義のパスポートを更新してもいます。警視庁は国際刑事警察機構（ICPO）を通じて国際手配をしていましたが、捕まらないまま、事件が発覚するまで実に40年近くにわたり、戸籍ごと日本人に成りすましてスパイ活動を行っていたのです。まさに映画さながらの事件です。

米同時多発テロ9・11の布石となった湾岸戦争

国際政治では、1991年、ソ連が崩壊する少し前に湾岸戦争が起こります。前年の1990年にイラクがクウェートへ侵攻したのを受けて、アメリカが国連決議の下に多国籍軍を組んで参戦し、イラクを攻撃しました。当時の米軍は、イラク軍の弾薬庫などを精密爆撃して、その映像を公開。まるでテレビゲームのようだとして、英語で「ニンテンドー・ウォー」と呼ばれました。

湾岸戦争が起きる前、イラクのサダム・フセインはイランに侵攻し、「イラン・イラク戦争」を起こしました。第2章、第3章で見た通り、アメリカは戦後、イランに介入し続けてきましたが、一方でソ連はイラクを支援し続けてきました。しかし1979年にイラン革命が起こり、イランは反米国家に転じます。慌てたアメリカは、中東に親米国家を作らなければ、と考えてイラクへの支援を開始します。イラクにすれば、アメリカの支援を得て、イランが混乱している時が攻め時だとして侵攻したのでしょう。しかし戦況は泥沼化し、決着がつかず8年も戦闘が続き、結局、双方が消耗しきって収束します。当時、日本のメディアは、この戦争を「イライラ戦争」と呼びました。いつまでも続くイライラする戦争だという皮肉です。

この戦争で多額の戦費を消費したイラクのフセイン大統領は、豊富な石油資源を持つクウェートに侵攻して占領してしまいます。これを見て、親米国家で大量の石油をアメリカに輸出していたサウジアラビアは「自分のところまでイラクが攻めてきたら大変だ」と考え、アメリカに防衛を依頼します。かつてはイラクを支援したことのあるアメリカも、この時ばかりはイラクを支持せず、なんと米ソがそろってイラクを非難するという、冷戦最盛期では考えられない状況が生まれます。この頃のソ連はゴルバチョフが書記長を務め、国際協調路線を取っていたのです。

そのおかげで国連のイラク非難決議も早々にまとまり、多国籍軍が結成されイラクを攻撃することが決まりました。この多国籍軍というアイデアは、ブッシュ（父）大統領のものでした。

イラクは米ソを敵に回し万事休すかと思われましたが、フセインは中東のアラブ諸国を味方につけようと画策。中東のとげになっているイスラエルを引き合いに、「イスラエルが占領地から出ていけばイラクはクウェートから撤退する」として、イスラエルにミサイルを撃ち込んだのです。

イスラエルは、「目には目を」を実践する国家です。直ちにイラクに反撃しようとしますが、アメリカのブッシュ大統領は必死になって攻撃を断念させました。「アメリカ・イスラエル連合軍」対アラブという構造になりかねなかったからです。

多国籍軍の猛攻で、イラク軍はクウェートから撤退します。アメリカ国内には、「この際、イラク軍を追撃して壊滅させ、フセイン政権を打倒すべきだ」という声もあったのですが、多国籍軍がイラクを攻撃したのは、イラクがクウェートから撤退するように求める国連の安保理決議が根拠となっていたので、ブッシュ大統領は、フセインを深追いしませんでした。この結果、フセイン大統領は国内での地位を保ち、独裁政権に君臨し続けることになりました。

そしてこの時、イラクへの攻撃のためにサウジアラビアにアメリカ軍が駐留したことが、のちの9・11同時多発テロを起こすウサマ・ビンラディンの反米意識に火をつけることになったのです。

職を失ったCIA職員は経済スパイに

一方、ソ連崩壊で最大の敵を失ったCIAは、組織としてのアイデンティティをすっかり失っていました。アメリカ国内でも組織の必要性が問われ、CIA解体こそ実行されずに済みましたが、予算も人員も大幅に削減され、能力のある多くの人たちが退職していきました。特に海外に滞在し、現地で情報を収集するような人員は激減していました。

では、CIAをやめた人たちや、この頃のCIAは一体何をしていたのでしょうか。

その一つが、「経済スパイ活動」でした。1980年代の日本は戦後から始まった高度経済成長を経て、バブル期を迎えていました。1990年には、三菱地所がマンハッタンのロックフェラーセンターを、1991年には、ホテルニュージャパンの経営者・横井英樹がエンパイアステートビルを買うなど、アメリカの建物を日本企業が買収したのもこの頃です。

2022年現在では中国資本が世界経済を席巻し、アメリカ経済を猛追していますが、当時は今の中国の位置に日本がいました。GDP（国内総生産）1位のアメリカは、2位の日本の急成長を脅威と感じ、自分たちを追い抜くのではないかと考えるようになりました。トランプ前大統領は2018年頃から中国を批判し米中対立を先鋭化させましたが、大統領に立候補した時の演説で既に、「あの頃（80年代）の日本の立場に、今は中国がいる。アメリカの雇用を奪っているのは中国だ」と発言しています。

1980年代後半から90年代前半にかけて、日米間では経済摩擦が生じ始めました。それにより、アメリカ政府にとってはソ連崩壊後、日本の動向、特に輸出交渉で、日本側がどこまでの意思を持っているのか、どの条件を突き付けられたら席を立つのかなどの情報が必要になります。

CIAだけではなく、民間に下った元CIA職員がコンサル会社などを立ち上げて、日本政府や日本企業の経済動向を探ろうとしたのです。1995年には、日米自動車交渉において、アメリカに派遣されていた通産省（現・経済産業省）の職員の電話をCIAが盗聴していたと報じられています。

しかしCIAがいくら情報活動に長けているとはいっても、これまでとはまるで勝手が違います。経済の専門知識がある職員ばかりではありませんし、いくら情報そのものを入手できても、それを精査してインテリジェンスに仕上げる分析力までは持っていなかったのです。

一方、日本はCIAのような対外情報機関を持っていませんでしたが、『CIA秘録』（文藝春秋）の筆者であるティム・ワイナーは、日本には日本貿易振興機構（JETRO）があり、海外48カ所の事務所に600人が所属しており、その能力はCIAのアジアにおける諜報網をはるかに上回っていた、と指摘しています。日本人はJETROをスパイやインテリジェンス機関だとは思っていません。しかし経済に特化しているとはいっても「海外に出先機関を持ち、情報を収集する網を張り巡らせている」機関として見れば、CIAとJETROには共通点があり、こと経済に関してはJETROに一日の長がある、というわけです。

また、CIAだけでなくソ連崩壊後のロシアの情報機関、KGBの対外工作を引き継いだSVRも「これからは経済情報をターゲットにした情報活動を行う」と宣言するなど、経済・産業に関する情報戦がこの頃から激化し始めました。現在、産業スパイというと、中国に関する報道が多いですが、経済スパイ、産業スパイの暗躍は今に始まったことではないのです。

結局、日米の経済覇権争いはバブルがはじけた日本の「自爆」によって決着しましたが、これでＣＩＡが盛り返したわけではありません。２００１年９月11日の同時多発テロの悲劇を防ぐことができなかったことは、国際社会でのアメリカ、ＣＩＡの地位を落とすことになります。

9・11を予見できなかったＣＩＡとその後の失脚

「第二のパールハーバーを起こさせない」

これがＣＩＡ設立の第一の目的だったことは先に述べた通りです。しかし、この第一にして最大の目的を達成できず、アメリカ本土がテロリストによる重大な攻撃を受ける事件が起こりました。２００１年９月11日に起きた同時多発テロ事件です。

この日、アメリカ国内で4機の飛行機が同時にハイジャックされ、そのうち2機がニューヨークの世界貿易センタービルに、1機は通称「ペンタゴン」、アメリカ国防総省の建物に突っ込みました。

もう1機はハイジャックに気づいた乗客たちが目標への突撃を阻止したため、ペンシルベニア州のピッツバーグ郊外に墜落しました。

あまりに大きな衝撃でした。しかも、航空機が貿易センタービルに突っ込み、火事を起こして倒壊する一部始終が、テレビで生中継されました。ビルから逃げようとするものの、ビル内で起きた火事の熱に耐えられず、高層階から飛び降りる人の姿まで映っていました。

3000人近い被害者を生んだテロ。のちにこの犯行はイスラム過激派のアルカイダに所属するメンバーによるものだとわかります。彼らは「アメリカに対する聖戦だ」と宣言していました。

これに対し、当時のブッシュ（息子）米大統領はテロとの戦いを宣言。この時に、ブッシュは「十字軍の戦いだ」と口走りました。十字軍とは、11世紀から13世紀にかけて、聖地エルサレムをイスラム教徒から奪還するために、キリスト教諸国が派遣した遠征軍のことです。こんなことを口にすれば、世界中のイスラム教徒が反発するに決まっているのですが、ブッシュはそこまで考えが及ばなかったのか、あるいは歴史を知らなかったのか。ブッシュが発言した後、ホワイトハウスのスタッフが必死になって発言を撤回させますが、時既に遅し、でした。

ブッシュは事件の首謀者として、アルカイダのリーダーであるウサマ・ビンラディンを名指しします。アルカイダはアラビア語で「基地」を意味します。

実は、アメリカやアメリカ人を標的にしたテロが起きる予兆は事件前からいくつも指摘されていました。たとえば、ハイジャック犯たちはアメリカ国内で航空機の操縦訓練を受けていましたが、そのうちの1人に挙動がおかしい人物がいて、航空学校はFBI（アメリカ連邦捜査局）に「離着陸はいいから旋回のことを教えてくれ、などと言う生徒がいる」と通報していたのです。この生徒は実際に同時多発テロに加わる予定でしたが、留学生ビザが切れているという理由で事前に逮捕されていました。

なぜ、こんな訓練を受けていたのか。離着陸を学ばず、旋回の操縦を身に付けて何をするつもりだったのか。もう少し踏み込んでいれば、テロ計画を未然に察知できたのではないか——。9・11後、FBI、CIAへの批判が強まります。

ソ連のアフガン侵攻とそれに対するアメリカの支援、そしてソ連撤退後にアメリカがアフガニスタンを見捨てたことによりテロリストを生んだことは前章の最後にも触れましたが、そもそもビンラディンは、2001年以前からアメリカに対する攻撃を執拗に行っていました。

ビンラディンはサウジアラビアの実業家の家に生まれ、ソ連のアフガン侵攻時にはゲリラへの資金提供を行っていました。そして1988年にアルカイダを結成。1991年に湾岸戦争が始まると、アメリカがサウジアラビアに駐屯することに対し、ビンラディンは激怒。反米意識を強めていくことになります。

アメリカも1993年にはビンラディンをマークし、1996年にはCIA内の対テロセンター（CTC）にビンラディン追跡チームが設けられたといいます。しかし、実質的な対策強化は行われなかったのでしょう。

一方、ビンラディンは1998年に「アメリカ人を殺せ、という神から与えられた使命に携わっている」と述べ、ケニアとタンザニアの米大使館を爆破、多数の大使館職員が死亡し、市民も巻き添えになっています。

その後、アメリカはさすがにビンラディンをより強くマークするようになりましたが、CIAはテロ組織内部やビンラディンの動向に関する情報の入手に苦戦します。中東のテロ組織へのCIAの浸透は人員的にも、予算的にも難しかったのです。

これまでのように、「ソ連の理念に反する現実に絶望した」というKGB工作員が自分からスパイになる、スパイ用語でいうところの「ウォーク・イン」のようなことは、イスラム過激派に限ってはありませんし、カネや酒、女性などを使って籠絡することも当然できません。CIA職員をテロ組織に潜入させるべくアラビア語やペルシャ語の教育を始めても、現地で違和感を持たれずに活動できる状態まで育てるには時間がかかります。

それでも、事件当日の2001年9月11日、CIAのジョージ・テネット長官は知人の上院議員から「最近の心配事は？」と聞かれて「ビンラディンだ」と答えていました。つまり、CIAはもちろん、アメリカ政府もビンラディンが危険であることは十分、理解していました。しかし、いつどこで、何をしてくるのかはわからなかった。ましてや、アメリカ国内でこれほどまでの大きなテロを起こすとは、予想だにしなかったのです。これはアメリカのインテリジェンスの大きな失敗でした。失敗に次ぐ失敗を重ね、ビンラディンの動向を摑みきれずにいるうちに、9・11を迎えてしまうことになるのです。

愛国者法の成立で、またしても暴走するCIA

国家の中枢への攻撃を受け、アメリカは45日後に「愛国者法」を成立させます。「テロを防ぐ」という名目で、主に国内の外国人に対する監視を強化し、令状なしに電話やメール、資産などについて調査することが可能になり、NSA（国家安全保障局）の監視網拡大に法的根拠を与えます。さらにテロに関係があったとみなされた場合、司法手続きがなくても7日間拘束できるなどFBIの捜査権限を拡大します。

同時にブッシュは、「これはテロではない、戦争だ」と演説し、アメリカが1975年のチャーチ委員会以降、CIAに禁じていた標的殺害を解禁します。「テロ集団はアメリカへのさらなる攻撃を計画している。そうである以上、テロ組織の指導部を殺害するのは殺人ではなく、自己防衛だ」と位置付けたのです。さらにアメリカは、ビンラディンを「客人」として迎えていたアフガニスタンのタリバン政権に引き渡しを申し入れましたが、タリバンはこれを拒否。ブッシュは「テロリストをかくまうものはテロ犯と同罪だ」とアフガニスタンに対して攻撃を開始します。これが、その後なんと20年近くも続く泥沼の始まりだとは、この時のアメリカは思ってもみなかったに違いありません。

同時多発テロ発生の2カ月後、アメリカによるアフガニスタンへの攻撃から1カ月後に、早くもタリバン政権は本拠地を明け渡すことになります。

「なんだ、すぐに決着がついたのか」と思ったら大間違いです。確かにアフガニスタンにはすぐにハミド・カルザイを大統領とする暫定政権ができましたが、アフガニスタンの国民からの支持を得ているわけではありません。身辺警護はアメリカの民間軍事会社が担当しているような状況でしたし、タリバン政権が撤退したといっても、消えてなくなったわけではありません。

タリバンは「今の状況では勝てない」と市街地を去っただけで、反撃の機会を待つべく潜伏していたのです。ソ連のアフガニスタン侵攻の時と同じで、山岳地帯に隠れただけなのです。さらにこの地域には多くのイスラム系組織が割拠しており、アメリカはアフガニスタンに安定した基盤を作るのに手を焼くことになります。

CIAはCTCに他部署からの職員をかき集めて対応に当たりますが、その任務は情報収集活動から、準軍事作戦に拡大していきました。CIAの仕事は情報収集や、敵のスパイを摘発することのはずなのに、いつの間にか「人狩り」になっていたのです。陸軍特殊部隊のグリーンベレーの協力の下、アフガニスタンに民兵組織を作ってタリバンと戦わせたり、無人偵察機を使ってテロ組織の幹部に関する情報を収集したりしていたはずが、無人機による爆撃で標的殺害まで行うなど、軍事作戦と情報収集の境目を失っていきます。こうした無人機は「プレデター」、英語で「捕食者」と名付けられ、アメリカの基地から飛び立ち、アメリカからの指示でアフガニスタンで標的を殺害するという新しい戦争の形を体現しています。

しかしこうしたCIAの振る舞いに対しては批判もありました。軍事を取り仕切る国防総省が「越権行為だ」と機嫌を損ね、CIAと軍の縄張り争いまで起こる事態になったのです。

さらには、アフガニスタンで捕まえたタリバンやアルカイダの関係者から、ビンラディンの居場所を聞き出そうと躍起になったCIAは、致命的な間違いを犯します。それが彼らが言うところの「特殊強化尋問プログラム」の採用です。

アフガニスタンで捕虜にしたタリバン兵をどこに連行するべきか。アメリカ国内に連行すると、事件の容疑者として弁護士をつけなければなりません。それでは聞き出すことができない。手荒なことをしても咎《とが》められない場所はどこか。こうして選ばれたのが、キューバにある米軍のグアンタナモ基地でした。

キューバは反米国家ではありますが、革命前には親米国家で、米軍の基地を受け入れていました。革命後も基地だけは残っていたのです。グアンタナモ基地ならアメリカの外にあるからアメリカの法律は適用されないという理屈を持ち出したのです。

アフガニスタンからキューバのグアンタナモにあるアメリカ軍の収容所に連れてこられた捕虜は、ビンラディンの居場所を吐くように強要されます。もちろん知っていても話すわけはないですし、そもそもビンラディン自身が隠密行動を取って常に移動していますから、ほとんどの捕虜は居場所など知る由もありません。アメリカが偵察衛星などの高度な情報を駆使しても見つからないのですから、末端の戦闘員が知っているわけがないのです。

しかし何としても成果をあげたいCIAは、元軍人の心理学者たちが「やむにやまれぬ愛国心」から考案した「喋らない相手に情報を吐かせる方法」を採用します。

捕虜に対して体を傷つける拷問となれば、国際法上の捕虜の取り扱い規定であるジュネーブ条約に違反します。そこで、目に見える傷のつきにくい方法、たとえば捕虜に水を飲ませて息が止まる寸前まで追い込む「水責め」や、24時間、延々とメタルロックやジャズを大音量で聞かせて眠らせない「睡眠妨害」、果ては虫を大量に入れた箱に捕虜を閉じ込めるなど、精神的に追い詰める「特殊強化尋問」という方法を取ったのです。

こうした強化尋問をするに当たり、アメリカ国内でやれば露見しかねないからと、わざわざキューバにあるグアンタナモ基地を選んでいたのですから、「まずいことをやっている」という自覚はあったのでしょう。

また、CIAは手を汚さず、CIAと協力関係にある中東の独裁国家、エジプト、ヨルダン、シリアなどのしかるべき機関に捕虜を引き渡し、「あくまでもその国の責任で」取り調べを行わせた例もありました。ここでの尋問は文字通りの拷問で、それは実に凄惨なものだったと言われています。

ビンラディン捜索のためのワクチン作戦

やがてビンラディンとの連絡調整役を知っている人物の供述を得て、連絡役の電話を盗聴し、尾行を続けることで、パキスタンに潜伏していたビンラディンの居住宅を突き止めました。しかし、確実な証拠が必要です。そこで2010年、CIAの工作員がパキスタン人医師シャキル・アフリディと接触。CIAはアフリディに「小児麻痺を防ぐワクチンを接種する」という口実でパキスタン北部のアボタバードの住宅を訪問するように協力を求めたのです。しかし、この方法でも確実な証拠は得られなかったと言われています。

ビンラディン殺害は、実に9・11事件から10年後の2011年のことでした。ビンラディン殺害後、CIAに協力していたアフリディ医師はパキスタンの軍統合情報局（ISI）に逮捕されます。アフガニスタン侵攻に関して、アメリカのCIAとパキスタンのISIは互いに利用し合っていましたが、この件で関係が急速に悪化しています。パキスタンからすれば、何の通知もなく自分の領土内でアメリカの特殊部隊が軍事作戦を行ったのですから、主権を侵害されたことになります。

もっとも、アメリカはパキスタンに事前に通告したり協力を求めたりしたら、パキスタン軍内部にいるタリバンやアルカイダのスパイに知られてしまうことを恐れていたのです。

また、ビンラディン殺害の後、医師がCIAに協力していたことが判明し、現地で小児麻痺ワクチンの接種をしようとする医療関係者はCIAとみなされ、接種が進まなくなります。その結果、小児麻痺は、世界のほとんどの場所では撲滅することに成功しているのですが、パキスタンとアフガニスタンでは、今も小児麻痺に苦しむ子どもたちがいるのです。CIAの罪は大きいと言わざるを得ません。

こうして2011年に最大の標的を殺害したアメリカですが、アフガニスタンから撤退したのはさらに10年後の2022年。一体なぜ、こんなに長い時間がかかってしまったのでしょうか。

アメリカのアフガニスタン侵攻の当初の目的は、あくまでもビンラディンつぶし、アルカイダつぶしだったはずですが、次第に「タリバンもテロ組織」「他にもテロ組織があり、アメリカにとっての危険は排除すべきだ」と目的が変化し、最終的には「アフガニスタンを自由な民主国家に変えなければ、アメリカの脅威は排除できない」と、国そのものを作り変えることが目的化していきました。そのため、タリバン政権が国民に強いていた「女子には教育を行わない」といった方針を批判し、自らの侵攻の正当化を図ったのです。

しかし様々な民族や宗派が入り交じっているアフガニスタンで、アメリカが新しい国を作り、自由で民主的な価値観に基づいた統治を行わせることなど不可能です。

2022年8月30日、バイデン大統領はアフガン撤退を実行し、完了します。アメリカが撤退すると、一度は壊滅し、政権を追われたタリバンがすぐに首都に戻ってきて、統治を開始しています。アメリカが批判していた「女子への教育禁止」なども、まもなく再開されています。

これも、現地の文化や歴史を分析し、理解するインテリジェンス能力の欠如が招いたことだったのではないでしょうか。スパイの仕事は、情報を収集し正しい分析を加えて政治に提供することですが、その本分を忘れ、「9・11を防げなかった失点を取り返したい」とばかりに、目の前の軍事作戦に邁進していった。しかし結果的に、ビンラディン殺害に10年を要し、さらには捕虜虐待の発覚で国民からの信頼を失うことになりました。こうした失敗に気づくまでに、アメリカは実に20年もの月日を費やしたことになります。

チェチェン紛争の真相解明で命を狙われるロシアのジャーナリストたち

アメリカが中東の泥沼に陥っていくのと時を同じくして、ロシアではKGB職員だったプーチンが台頭します。中でもプーチンがその名を知らしめたのが、2000年の第二次チェチェン紛争の制圧成功という実績でした。

ソ連崩壊後、プーチンはKGBの後継組織であるFSB（ロシア連邦保安庁）の長官を務めていました。FSBはロシアおよび旧ソ連圏の情報を収集するインテリジェンス機関で、国境警備隊や特殊部隊を抱える他、インターネットの監視も行う組織です。つまり、スパイにあこがれてKGBに入ったプーチンは、ソ連崩壊後のロシアでスパイのトップに就任したのです。

FSB長官に就任すると、プーチンは未然にエリツィン追い落としのクーデターを阻止したり、エリツィンの家族の汚職の疑惑を握りつぶしたりなどの「功績」を残したことで、1999年にエリツィン大統領から首相に抜擢されます。

その直後に命じられたのが、チェチェン紛争の制圧と独立阻止でした。

チェチェンは19世紀にロシアに併合され、1917年のロシア革命の混乱に際して独立運動を展開しましたが、ソ連軍がこれを制圧。ソ連の中のロシア共和国を構成する自治共和国の一つとなりました。その後はソ連のスターリンの思惑でチェチェン人が強制移住をさせられるなど、過酷な命運を強いられました。

そして1991年にソ連解体の動きが加速する中、チェチェンは独立を宣言し、「チェチェン共和国」が誕生します。この時のチェチェンの大統領はジョハル・ドゥダエフという人物でしたが、それまで自治共和国だったチェチェンが独立を宣言したことでロシアからの財政支出が停止し、経済が悪化。内戦状態に陥ります。チェチェンにはロシアからヨーロッパに天然ガスを送るパイプラインが通っていますから、ロシアは独立を認めるわけにはいきません。そこでエリツィン大統領は内戦鎮圧を名目に紛争に介入します。これが1994年の第一次チェチェン紛争です。

1996年、ドゥダエフ大統領が死亡すると、停戦合意が結ばれ、紛争は一度は収まりますが、やがてチェチェンの武装勢力が隣国へ侵攻します。ロシア軍との攻防が始まり、1999年には第二次チェチェン紛争に発展します。プーチンはこの紛争の制圧を任されることになったのです。

すると、モスクワ市内で不可解な事件が起こり始めます。市民の住むアパートがあちこちで爆破されるというテロ事件がひと月の間に多発し、300人を超える死者を出したのです。プーチンはこれを「チェチェンのイスラム過激派によるテロだ」と断定し、徹底的な弾圧と、チェチェンへのロシア軍の侵攻を再開します。

さらに、現在、チェチェンの首長を務めているラムザン・カディロフの父アフマド・カディロフを手懐けたプーチンは、カディロフにチェチェンの反政府勢力を弾圧するよう命じ、カディロフがこれに応じたことでチェチェン制圧に成功します。このチェチェン制圧でプーチンはロシア国民から絶大な支持を得て、2000年の大統領選で圧勝し、ロシア大統領に選出されることになります。

しかし、このチェチェン制圧の過程には疑念がありました。「連続アパート爆破事件は、本当にチェチェン人によるテロだったのか？」という点です。

あるアパートでは、爆弾を仕掛けようとしていたFSBの2人組が、地元の警察に逮捕されます。するとモスクワから警察に直に連絡が入り、その後、2人組は釈放されてしまいました。テロを疑われる行為に及び、爆薬を仕込んでいたことは確かなのに、お咎めなし。一体なぜでしょうか。

事件から2日後、当時のパトルシェフFSB長官は「事件はテロではなく、FSBがテロ対策の準備のために予行演習を行っていただけ」「爆薬を仕掛けるデモンストレーションを行って、実際に警察が見つけられるかを試すものだった」と発表しました。「だから捕まったのはテロ犯ではないし、爆薬に見えたものも、実際には粉砂糖だった」というのです。そんなはずはありません。当時、地元の警察は爆薬であることを確認していたのですから。つまりこれは、FSBの人間が自作自演で爆発物を仕掛けようとしていたところを、そうとは知らない地元警察が逮捕してしまった、という事件だったのです。しかしこんな見え見えの言い逃れにもかかわらず、当時のロシア国民の多くはプーチンの功績を疑いませんでした。

一方で、こうしたプーチンの「神話」に疑問を持ったロシア人もいました。

1人は、ロシアでは珍しい独立系メディア「ノーヴァヤ・ガゼータ」紙の記者、アンナ・ポリトコフスカヤです。彼女はロシア政府に対峙《たいじ》し、中でもチェチェン問題を深く追っていました。しかし2006年、なんとプーチン大統領の誕生日に自宅アパートのエレベーター内で射殺されてしまいます。チェチェン出身の容疑者が逮捕されましたが、「プーチンの闇を暴こうとしたから、ロシア政府に消されたに違いない」と疑われています。

私は2018年に「ノーヴァヤ・ガゼータ」紙の編集部を訪れ、当時のドミトリー・ムラトフ編集長らを取材しました。ポリトコフスカヤは信念に忠実で、限りなく勇敢なジャーナリストだったといいます。政府の指示を受けない「ノーヴァヤ・ガゼータ」紙では、ポリトコフスカヤを含め6人もの記者が既に殺害されています。政権批判、プーチン批判をすれば命を奪われるという極限の状況下でも、報道・ジャーナリズムの意義を忘れない姿勢が評価され、ムラトフ編集長は2021年にノーベル平和賞を受賞しています。

もう1人、プーチンの功績に疑問を抱いて声を挙げたのが、元FSB職員のアレクサンドル・リトビネンコです。彼はFSB所属時から、同僚たちが活動家や政治家に政治的な圧力を加えたり、暗殺行為に加担していたりすることに疑問を感じ、1998年に同僚の職員とともに記者会見をして「上司から野党指導者の暗殺を指示されたが、拒否した」と明かしたのです。この時のFSB長官はプーチンですから、公衆の面前で部下にメンツをつぶされたようなものです。翌年、リトビネンコは逮捕、収監されます。

2000年に保釈された後、イギリスに亡命すると、リトビネンコはロシア批判を展開し、「プーチン神話」の核心に迫る証言をし始めます。最も大きなものは、例のチェチェンのアパート連続爆破事件に関するものでした。

ロシアお得意の手法に「偽旗作戦」があることは第1章でも触れました。この件で言えば、実際にはロシアが仕掛けたにもかかわらず、あたかもチェチェンのテロ組織がやったかのように見せかけて、攻撃の口実とし、自分たちに有利な状況を作り出すという戦法、工作です。いかにもKGB出身のプーチンが好みそうな作戦です。

リトビネンコはこうした工作を徹底的に調査し、2003年にはユーリー・フェリシチンスキーという歴史学者とともに『BLOWING UP RUSSIA』という一冊の本を書き上げています。日本では『ロシア闇の戦争』（光文社）として刊行されていますが、ロシアでは「国家機密を漏らしている」として発禁処分になっています。

さらにリトビネンコは2002年に起きたモスクワの劇場占拠事件についても、「ロシアの自作自演ではないか」と告発しました。劇場占拠事件は、チェチェン人武装勢力が、チェチェンからのロシア軍撤退を要求するために、劇場にいた人々を人質に取った、とされている事件です。ロシアはFSBの特殊部隊を派遣し、短期間で事件を解決しますが、リトビネンコは「実はこのチェチェン人武装勢力の中に、FSBの職員が浸透していて、攻撃を仕掛けるようそそのかした」とロシアの野党議員に打ち明けます。しかし打ち明けられた野党議員は何者かによってロシア国内の自宅前で射殺され、イギリスにいるリトビネンコにも危機が迫ります。

2006年、イギリスで突然体調を崩したリトビネンコは病院に駆け込みます。「毒を飲まされた！」という本人の主張によって尿検査を実施したところ、なんとその尿からは放射性物質のポロニウム210が検出されます。リトビネンコは数日のうちに急性放射線障害で命を落としますが、死の直前に病室で撮られたリトビネンコの写真には、愕然とさせられました。元気な頃とは打って変わって、髪も眉も抜け落ち、ガリガリに痩せた姿に変貌していたのです。

一体、誰がやったのか。ポロニウムはプルトニウム原爆の材料を取り出す原子炉からしか入手できない物質です。そんな毒物を入手できる国や組織は、ごく限られている。ロシアしかありません。むしろロシアとしては「国や組織を裏切ると、こういう目に遭うんだ」「裏切り者は許さない」という〝スパイの掟〟の見せしめのために、あえて誰がやったかわかる手法で殺害したのでしょう。

イギリスの警察が捜査したところ、リトビネンコが体調を崩す直前に、モスクワから来た人物とお茶を飲んでいたことがわかりました。この人物が放射性物質をお茶に混ぜて、リトビネンコに飲ませていたのです。しかも、放射性物質は放射線を常に発していますから、ポロニウムを運んだ足取りは、放射線の痕跡からたどることができました。そして翌年の2007年、イギリスの検察当局は元KGB職員で、民間のセキュリティ関係の会社を経営していたアンドレイ・ルゴボイと、ドミトリー・コフトゥンをリトビネンコ毒殺の主犯であるとして殺人罪で起訴し、ロシアに引き渡しを要求します。

ところがロシアはこれを拒否。抗議のためにイギリスが在英ロシア外交官を追放すると、ロシアもこれに対抗して在露イギリス外交官を追放するなど、事件はロシアとイギリスの外交関係の悪化にまで波及しました。

さらには同年11月に、殺人容疑をかけられたルゴボイがロシアの連邦議会に立候補して議員に当選します。これにより不逮捕特権を得られるのですが、元同僚に毒を盛って殺害した人物が選挙を経て国会議員になってしまうのです。

一方、イギリス内務省の公開調査委員会は、リトビネンコの妻の要請に基づき、この事件を調査。2016年に「リトビネンコ暗殺事件は、おそらくFSB長官とプーチン大統領が承認したものである」との報告書を公表しました。

先述の通り、CIAは1975年のチャーチ委員会以降、ウサマ・ビンラディンの殺害指示によって暗殺禁止令が解除されるまで、暗殺を禁じていました。しかしロシアでは、むしろ2000年にプーチンが大統領に就任してから、体制の維持に邪魔な人間たちが次々に消されるようになっていきました。「邪魔な人間たち」の中には、ロシアを裏切ったスパイだけでなく、ポリトコフスカヤのようにプーチン体制に批判的なジャーナリストや、のちに「下着に致死性の毒物を塗られ、殺されかけた」というアレクセイ・ナワリヌイのような野党政治家、あるいは彼らを支援する実業界の有力者なども含まれます。

ポリトコフスカヤの殺害、リトビネンコ暗殺事件は世界を震撼させましたが、これはプーチンによる「見せしめのための自国民殺害」の端緒に過ぎなかったことが、時間の経過とともに明らかになるのです。「裏切り者は許さない」「言論の自由はソ連時代よりは一見、認められるようになったが、その代償を命によって払わされる」というロシアとプーチンの本質を、国際社会は知ることになります。

CIAの信頼を失墜させたイラクの大量破壊兵器

アメリカはアフガニスタンに攻め込みビンラディンを探していた2003年3月、新たな戦争を始めます。それがイラク戦争です。

イラク戦争は、開戦経緯自体にCIAの史上最悪の失敗がかかわっています。アメリカは「イラクのサダム・フセインが、大量破壊兵器を保有している」という情報を事実だと信じ込んで戦争を始めました。しかしこれが、真っ赤な嘘だったことが露呈します。

大量破壊兵器とは、核兵器や毒ガスなど、一気に大勢を死に至らしめることができる武器を指します。イラン・イラク戦争でイランに対して毒ガスを使用した疑惑が持ち上がったイラクは、湾岸戦争に敗北した後、大量破壊兵器を開発していないか国連の査察団によって調査されます。その結果、「大量破壊兵器を開発していた」とみなされ、核開発や毒ガス兵器の製造中止命令が出されます。その後も定期的に査察を受け入れていましたが、ある時からフセインが査察を拒否するようになります。このため、「また大量破壊兵器を製造し始めたのではないか」とアメリカは疑いの目を向けます。

さらにアメリカは「イラクもテロ支援国家だ」とみなし、攻撃を正当化しました。この時のブッシュ大統領の演説で、イラクとイランに加え、核兵器製造に着手していた北朝鮮を加えた3カ国を「テロ支援を行う悪の枢軸、ならず者国家」と名指ししたのはよく知られています。

しかし、実際にはフセインは大量破壊兵器を持っていませんでした。フセインが国連の査察を拒否したのは、「大量破壊兵器を持っていることが露見するのを恐れた」のではなく、「大量破壊兵器を持っていないことで、周辺国からなめられないよう、いつでも持てるようなふりをしていた」からだったことが後になってわかったのです。

では、なぜ「イラクは大量破壊兵器を持っている」とアメリカは判断したのでしょうか。ここにもCIAがかかわっています。

アメリカは2002年に作成した「国家情報見積もり（NIE）」で、イラクが大量破壊兵器、それも生物兵器を保有していると断定しました。その情報源は「カーブボール」というコードネームで呼ばれているイラク人でした。カーブボールは2000年にドイツに亡命し、ドイツ連邦情報局（BND）に、「フセイン政権が生物兵器を積んだトラックを保有している」と話します。BNDはこの証言を疑いますが、CIAから「イラクが大量破壊兵器を持っている証拠を見つけたら知らせてほしい」と要請を受けていたので、「証言には信用できない面もあるので要注意」という条件をつけて、身柄をCIAに渡します。

CIAの医師がその直後に「カーブボールは、アルコール依存症ではないか」と診断するなど、その証言の信憑性に疑問符を付けましたが、カーブボールはイラクの生物兵器工場内部の詳細なスケッチを描くなどしたため、CIAはカーブボールの新情報に基づき、「イラクの生物兵器の脅威評価を上方修正」しました。つまり証言を重視したのです。そして2001年9月11日に同時多発テロが起きると、CIAはさらにカーブボール証言にしがみつき、「イラクは生物兵器製造能力を獲得している」と判断するようになります。その後ドイツやイギリスは「カーブボールの証言に問題あり」と指摘するのですが、CIAは聞く耳を持ちません。

さらには「イラクがニジェールでウランを購入した証拠がある」という情報を、イギリスのMI6（秘密情報部）がCIAに渡します。現地調査では「証拠がない」と判断されたにもかかわらず、これがなぜか事実であるかのように伝わってしまいます。

2003年に入ると、ブッシュ大統領とパウエル国務長官がそろって「イラクにはアフリカから手に入れた大量のウラニウムがある」「イラクとアルカイダの間にはつながりがある恐れがある」とイラク非難を展開するようになり、そのまま2003年3月にイラク侵攻へ突入したのです。

確かにこれまでにもフセインが国際社会に嘘の主張をしたことはありました。しかし、今回もそうだとは限らない。徹底した情報収集と客観的な分析によって真偽を明らかにし、政治に助言するのがインテリジェンス機関の第一の仕事です。しかしCIAは情報収集も分析も怠り、政治の意向に迎合するという最もやってはいけないことをしてしまったのです。

ではなぜそうまでして、ブッシュ大統領はイラクを攻撃したかったのか。一説には、1991年にブッシュ（父親）大統領が湾岸戦争に参戦し、イラク軍をクウェートから撤退させたことで、フセインが父の命を狙って暗殺計画を立てたことに原因があると言われています。つまりブッシュは息子として、父の暗殺計画を立てたフセインに個人的に腹を立てていた、というのです。しかも、父のように国連決議を経ることもなく、ブッシュはイラク戦争に突入していったのです。

また、その背後にはイラクの石油の利権を得たかったチェイニー副大統領が、ブッシュ大統領の無知につけ込んで、戦争を煽ったという指摘もあります。事実、チェイニーが大株主だった軍事関連企業ハリバートンは、イラク戦争でアメリカ政府から多額の発注を受けて巨額の利益を上げています。

こうして、嘘に基づく情報を根拠に2003年3月に始まったイラク戦争でしたが、早くも5月には戦闘が終了、ブッシュ大統領が戦闘終結宣言を行っています。首都バグダッドが陥落した際にはアメリカの海兵隊がフセイン像を引きずりおろし、数名のイラク人がその像の頭をスリッパで叩いたり蹴ったりする映像が全世界に流れました。しかし、どこを探してもイラクには大量破壊兵器はなく、製造した形跡も見つけることはできませんでした。

大量破壊兵器の有無に関して、今度はアメリカに疑惑の目が向けられることになります。CIAは2004年に、カーブボールに関する100以上の報告書を公式に撤回し、「カーブボールは一連の情報を捏造したようだ」という報告をまとめます。さらに2005年、大量破壊兵器に関するアメリカの情報能力委員会を設置。大量破壊兵器は存在しなかったとの結論を出しただけではなく、なぜそうした誤りが生じたのかについて検証し、「政治的背景の理解や想像力、分析力や情報共有も欠如していた」などとする散々なレポートを出しています。虚偽の根拠に基づいて一緒にイラク戦争に参戦したイギリスもいい面の皮だったでしょう。その後、イギリスも詳細な報告書を作成し、ブッシュ政権に協力してイギリス軍をイラクに送ったブレア首相の責任を厳しく指摘しています。

日本もイラク戦争には後方支援で参加していますが、「イラクは大量破壊兵器を保有していなかった」という件について、国として総括を行っていません。

アメリカの情報収集能力や分析力に大きな疑問符がついた出来事ですが、少なくともアメリカ、そしてイギリスはきちんと検証をしています。それに対して、日本はどうだったのか。検証なき政府の運営は次の失敗を招くのです。

2003年12月、逃亡していたフセインはアメリカ陸軍と特殊部隊による「赤い夜明け作戦」により、イラク中部のダウルで拘束されます。隠れ家の庭に作られた穴倉から引きずり出されたフセインの映像は、世界に衝撃を与えました。アメリカ軍の収容所に入って尋問や裁判を受け、2006年11月にイラクの暫定政権によって死刑判決を受け、12月に絞首刑に処されました。

アメリカは、2003年に一度は「戦闘終結宣言」をしながら占領統治の名目でイラクに駐留し続けました。オバマ政権が2011年に再度「戦闘終結宣言」を行い、その前年から始めていた撤退がようやく完了しました。アフガニスタンと同様、イラクに対しても「民主主義国家に生まれ変わらせ、アメリカにとっての脅威を取り除く」ことを名目に占領統治を行いましたが、やはりそううまくはいかなかったのです。

2004年、アメリカが、イラク国内に設置したアブグレイブ刑務所に収容したイラク兵捕虜に対して暴力や性的虐待、非人道的扱いを行ったことが露見しました。虐待を示す写真が世界に公開されたのです。公になったものだけでも裸の捕虜が団子状に折り重なった上に米兵が座り、笑顔で記念撮影したものなど見るに堪えない場面でした。虐待を行った米兵数名が軍法会議で有罪になっていますが、この刑務所の運営には、CIAもかかわっていました。グアンタナモ収容所にしても、アブグレイブ刑務所にしても、冷戦終結後、意気消沈していたCIAがここぞとばかりに暴走した結果、捕虜や容疑者の非人道的扱いに及んだという実態は見逃せません。

フセイン失脚後、アメリカはフセイン政権を支えていたバース党（アラブ復興社会党）の党員を追放します。しかし、フセイン政権時代、イラクで公務員になるにはバース党員にならなければならなかったのです。そんな事情も知らないまま、アメリカがバース党員を全員追放したため、医師も看護師も警察官も軍の将校も追い出されてしまいます。一夜にしてイラクの国家機能が崩壊したのです。突然職を失った警察官や軍の将校は、怒って武器を持って職場から離脱。この武器を持ったイスラム過激派が大手を振って跋扈するようになり、その中からイスラム国（IS）が誕生します。欧米人や、アメリカの友好国の人間を人質に取り、見せしめのために首を切って殺し、その映像をネット上に流すという残酷な手法で台頭してきました。

またしてもアメリカが、新たなテロ組織を生んでしまったと言っても過言ではありません。結局、アメリカはアフガニスタンの安定的な統治やビンラディン捕捉のために使うべきだった力の多くをイラク戦争に費やしてしまったために、アフガニスタンでのタリバンの盛り返しを許し、10年もの間、ビンラディンを捕まえることができなくなってしまったのです。

アメリカはアフガニスタン侵攻と統治、ビンラディン追跡、そしてイラク戦争の三正面を戦ったことで、どれもこれもうまくいかないという事態に陥り、中東を混乱させてしまいました。そしてアメリカ自身も、国力を低下させることになり、2000年代以降のロシアと中国の台頭を許すことにもなりました。

イランの核施設がサイバー攻撃「スタックスネット」で狙われた

第1章でも取り上げたように、2023年初頭現在の世界では、インターネット空間、サイバー空間の中までもが、国家間の利害や攻防がせめぎ合う「戦場」と化しています。むしろリアルな戦場と違って、平時と有事の境がなく、法的にも「何をどこまでやったら犯罪行為になるのか」『戦争』の概念をどこまで適用できるのか」が明確に定まっていないことから、サイバー戦争は「見えない戦争」とも呼ばれています。

その端緒となったのが、2010年9月にイランが公表した「スタックスネット」というマルウエア（有害な動作を行うことを意図して作られた、パソコンやネット上で動くコードやプログラム）を使ったイラン核施設へのサイバー攻撃でした。

イランは核開発に使うウランを濃縮するために、地下の施設内に遠心分離機を多数設置していました。しかしある日、この遠心分離機がとてつもない高速回転を始め、止まらなくなってしまいます。しかも、実際は異常事態が発生していたにもかかわらず、コントロールルームのモニター上では通常運転していると表示されていたために発見が遅れ、遠心分離機は次々に破壊されてしまったのです。

一体、何が起きたのでしょうか。のちにこれは、ドイツのシーメンス社製の遠心分離機を制御するコンピューターに、マルウェアが仕込まれたことによる誤作動だったことがわかります。

しかし、こうした外からのサイバー攻撃を受けかねないリスクはイラン側も理解していたため、施設内のコンピューターはインターネットには接続せず、外部環境とは隔離されている「スタンドアローン」状態に置かれていたはずでした。にもかかわらず、一体どこからマルウェアが入り込んだのか。ここにスパイの暗躍がありました。

事件前にシーメンス社の社員が定期点検のために施設内に立ち入っていました。社員は何らかの確認作業のために、施設内のパソコンにUSBメモリを差し込んだのですが、実はこのUSBメモリにマルウェアが仕込まれていたのです。しかもこのマルウェアは遠心分離機に誤作動を起こさせて制御用のプログラムを書き換えた後、自らの痕跡を消すことまでプログラムされているという用意周到ぶりでした。そのために「なぜ誤作動が起きたのか」を突き止めるのに時間がかかってしまったといいます。

このサイバー攻撃は誰が行ったのか。これだけのコンピュータープログラムを作成できる能力を持った国は限られます。イランの核開発を阻止したい国といえば、アメリカとイスラエルの名前が挙がります。アメリカのサイバー戦を担当するNSAとイスラエルの特務機関であるモサドの通信情報部隊の共同作戦ではないかと報じられています。

おそらく、アメリカのNSAとモサドの通信情報部が共同でマルウェアを開発し、イランのテヘランに宿泊していたシーメンス社員のホテルの部屋にイスラエルのインテリジェンス機関・モサドの工作員が忍び込み、USBメモリにマルウェアを仕込んだことで、外部に接続していないイランの核施設にアクセスすることができたのでしょう。独シーメンス社の職員は知らぬ間にマルウェアの運び屋となってしまったのです。

この一連の作戦にはイギリスも参加していたとの指摘もありますが、真相は明らかにはなっていません。

イランとイスラエルの核をめぐる暗闘

これまでにも、イスラエルはイランの核開発を脅威と考え、様々な手法で妨害してきました。過去には、イラクのフセイン政権時代にあったオシラク原子力発電をめぐる対立がありました。フランスがイラクを支援して、原子炉の建設を請け負っていたのですが、原子炉向けの部品を保管していたフランス国内の倉庫で不審火が多発し、部品が使えなくなる事件が相次ぎました。さらに1981年、オシラク原子力発電所にウラン燃料が運び込まれる直前、イスラエルは戦闘爆撃機による空爆で施設を破壊します。
原子力発電所ですから、稼働し始めればウランやプルトニウムを大量に保有することになります。実際に発電所が動きだしてから核開発への転用を阻止しようと思っても、攻撃によって放射性物質が周囲に撒き散らされるとなれば世界的な非難は免れません。だからこそ「動く前にやってしまえ」とばかりにイスラエルは稼働前の原子力発電所を攻撃したのです。1981年の攻撃時には、原子力発電所の稼働準備に当たっていたフランス人技師が命を落としています。

さらに、イランのケースではありませんが、2007年にシリアの砂漠に立っていた四角い建物をイスラエルが空爆によって破壊します。この建物は北朝鮮の寧辺《ニョンビョン》にある建物とそっくりの形をしていました。建物が建つ前の状況を精査してみると、韓国の国旗をつけた貨物船がスエズ運河を通ってシリアの港に入っていたことがわかります。なんと北朝鮮が、韓国の船のふりをしてシリアに入り、核開発技術をシリアに売っていたことがわかったのです。北朝鮮の施設とそっくりの建物は、建設中の原子炉、つまり核施設だったのです。イスラエルの攻撃後、シリアは沈黙を守りましたが、北朝鮮がイスラエルを非難したので、誰が技術提供したかの答え合わせになってしまったということもありました。

イスラエルによる妨害行為は、施設の破壊だけではありません。2005年頃から、イランの核開発の専門家や技術者が次々に殺害される事件が起きます。しかもその手口は手荒でした。技術者が乗った車が赤信号で止まると、後ろから2人組の覆面ヘルメットをかぶったオートバイが近づき、座席のドアのところにペタッと何かを貼って、青信号に変わるや走り去ると、数秒後に車に貼られた爆弾が爆発し、核技術者が殺害されるという事件が続いたのです。少なくとも2007年、2010年、2012年に核物理学者らが暗殺されています。イランは、核技術者の警護要員を車に同乗させていましたが、警護要員もろとも殺害されています。

これらはイスラエルのモサドがやったという確たる証拠はありませんが、イランはイスラエルがやったに違いないと今も考えています。実際、これらの事件はイラン人科学者への警告となっており、核開発計画への参加を自重する専門家も少なくないといいます。

こうした妨害行動や殺害事件を実行するには、事前に緻密な情報収集が必要です。誤爆になってはいけないわけですから。イスラエルの諜報機関の情報収集能力と分析力、実行力には驚嘆するしかありません。

イランとアメリカの核交渉をトランプが破壊

イスラエルとイランの間に核をめぐる軋轢《あつれき》がある中、オバマ政権は2015年にイランとの間で英独仏中ロを加えた形で核兵器開発を停止させる「核合意」を結びました。その見返りに、対イラン経済制裁を緩和したのです。

しかし、イスラエルとしては「これで一安心」とはいきません。核開発を一時的に停止した、といっても、ひそかに開発している可能性がないわけではない。またいつでも再開できるのであれば、反イスラエルであるイランが、イスラエルを脅すための核の開発をいつまたやり始めるかわからないからです。

2018年、トランプ政権はこのイランとの核合意から一方的に離脱し、対イラン経済制裁を再開する大統領令に署名しました。これは、トランプの娘・イヴァンカの夫であるクシュナーがユダヤ人だったことから、イヴァンカもユダヤ教に改宗し、娘夫婦が親イスラエルであることから、イスラエルの意向に沿ったとも、あるいは単にオバマのやることすべてに反対してきたトランプ大統領の姿勢の一環だとも言われています。

その後、大統領となったバイデンは、イランとの核合意を復活させようと苦心していますが、イランの政権が穏健派のロウハニから、反米派のライシ政権に交代してしまったこと、さらに2022年2月からのロシアによるウクライナ侵攻などの影響でなかなか前進しない状況が続いています。

しかも、この話し合いの間にもイスラエルがイランの核施設にサイバー攻撃を含む破壊行為や科学者の暗殺を行っており、少しのバランスが崩れれば軍事衝突につながりかねない危険な状況が続いています。

ハマス幹部暗殺の手口が明らかに

モサドの犯行と見てほぼ間違いない、と思われるイランの核物理学者の連続暗殺事例をご紹介しましたが、モサドが狙うのは、イランの科学者だけではありません。

2010年にはアラブ首長国連邦のドバイの高級ホテルの一室で、パレスチナの過激派組織「ハマス」の武器調達担当の幹部が変死します。しかも部屋は内側からカギとチェーンがかけられていたので、当初は病死ではないかという見方もありました。しかしこの幹部と連絡が取れなくなったというハマスのメンバーからの連絡を受け、ドバイ警察は「これは病死ではない」とピンときて、事件捜査を始めます。

ホテルはもちろん、ドバイ中の監視カメラを確認したところ、モサドの暗殺部隊11名がしっかり写っていたことがわかり、「ドバイで暗殺に及ぶとは許せない」と考えたドバイ当局は、この監視カメラの映像を全世界に公開します。

そこには驚くべき実態が録画されていました。モサドの暗殺部隊がホテルのトイレで変装し、ターゲットを待ち構える様子がはっきりとわかるのです。たとえば薄毛の男性がトイレに入り、出てくる際にはカツラをかぶって変装していることまでもがしっかり記録されていたのです。

暗殺部隊の実行犯の2人はテニスウェアを着込み、手にはラケットを持って、あたかもテニスを楽しみに来た観光客のようなふりをして、ホテルのロビーで待機します。そしてターゲットがホテルにチェックインすると、雑談していた2人がスーッと近寄り、ターゲットと同じエレベーターに乗り込みます。

一方、ターゲットの部屋では、ターゲットが外出した際に入り込んだ暗殺者が既に待機しており、両者が挟み撃ちにして、ターゲットのハマス幹部を殺害し、内側からカギとチェーンをかけて脱出。早々と国外に逃げ去ってしまったのです。

しかし監視カメラの映像で、モサドの暗殺部隊の手口のみならず、顔までもが世界中に発信されてしまいました。中でも問題になったのが、暗殺部隊のメンバーが使っていた偽装パスポートでした。これもドバイ当局が公表したものですが、世界各国から移住してくるユダヤ人のパスポートをモサドが預かり、それを使って偽造パスポートを作成、ドバイに入国してスパイ活動を行っていたというのです。イギリス、アイルランド、フランス、ドイツなどのパスポートを偽造して使っていたため、これらの国との間にも外交問題が発生しました。

それにしても、この暗殺計画を成功させるためには、そもそもハマスの幹部が、この日にドバイに来て、このホテルに宿泊する予定であることを、事前に掌握していなければなりません。イスラエルに敵対するハマスの幹部の動向を、どうやって把握したのか。この幹部は普段シリアに滞在していました。ハマス内部にスパイがいたのか、あるいはハマスの幹部の電話を盗聴したのか、あるいは全く別の方法を駆使したのか。ここでもイスラエルの情報収集能力は際立っています。

世界最強、イスラエルの「モサド」とは

時には映画も真っ青の暗殺を実行し、一方ではスタックスネット事件のように、アメリカと組んでサイバー攻撃を仕掛けるモサド。世界最強とも言われるモサドの行動原理は、何よりも中東という複雑な地域で、イスラエルが国家として存続するための安全保障のためにできることは何で

もする、というものです。

イスラエルにはモサドの他にもシャバク（ISA）やアマン（IDI）というインテリジェンス機関があります。モサドとシャバクの関係はCIAとFBIのようなもので、モサドが対外諜報活動を、シャバクが国内での情報収集や防諜を担当しています。また、アマンは軍事情報を中心に収集していると言われています。

モサドの強みは「実行部隊」を持っていることで、キドン（ヘブライ語で槍）と呼ばれています。この実行部隊は、1972年のミュンヘンオリンピック事件を引き起こしたテロリストグループ「ブラック・セプテンバー（黒い9月）」のメンバーの暗殺を実行したことでその名が知られるようになりました。

「ブラック・セプテンバー」は、オリンピックで西ドイツを訪れたイスラエル選手団を狙って選手とコーチ2名を殺害し、9名を人質に取りました。ミュンヘン州が奪還作戦を行いましたが失敗、人質全員が死亡します。これに激怒したイスラエル側は実行部隊に暗殺の許可を出し、「神の怒り作戦」と称する報復に出て、ヨーロッパ各地に点在していた組織の幹部を洗い出し、一人一人殺害していきました。この殺害計画は、人違い殺人をしてしまったために全貌が明るみに出ました。

モサドのホームページには、「指導者がなければ民は倒れ、救いは多くの助言者とともに来る」という旧約聖書のソロモン王の言葉が紹介されています（箴言11章14節）。流浪の民として世界中に散らばっていたユダヤ人が、ようやく自分の国を持てた。それがイスラエルです。インテリジェンスはまさに国家を生き長らえさせるために必要不可欠なものだと考えているからこそ、モサドのような機関を持っているのです。

スノーデンが告発した監視網の実態

「アメリカ国家安全保障局（ＮＳＡ）が、世界中のインターネットや電話回線からあらゆる情報を入手し、人々を監視している」

２０１３年、ＣＩＡとＮＳＡの関連企業で働いていたエドワード・スノーデンがアメリカ政府を告発しました。ＮＳＡから機密書類を持ち出し、政府のスパイ活動や国民監視を批判していたジャーナリストで英「ガーディアン」紙の記者だったグレン・グリーンウォルドに接触し、香港で直接会って１万件以上の機密文書を託したといいます。その内容は、ＮＳＡが「ＰＲＩＳＭ《プリズム》」と呼ばれるプログラムにより、アメリカ国民の通信内容を無差別に監視し、さらにはその網を世界の多くの国々にも広げていたという事実を裏付けるものでした。

エドワード・スノーデン。アメリカ政府の世界的な情報活動について暴露（写真：AFP＝時事）

世界中どこにいても、メール一本で大量の文書を送れるところを、スノーデンがそうしなかった理由が、まさにここにあります。当然、NSAの監視網に引っかかるからでした。スノーデンはNSAがメール監視、携帯電話の遠隔操作による盗聴も行っているとして、「直に会って話し、データを託す」以外に、アメリカ政府に察知されずNSAの監視に関する実態を知らしめる方法はない、と判断したのです。

NSAは、過去にも通信系の企業に協力を仰ぎ、アメリカ国民に対する監視を行っていたことが発覚（第3章参照）、是正を強いられています。しかしその当時は通信といっても「電話や手紙」でした。もちろんそれでも問題ですが、現在はメールや携帯電話での通信が爆発的に増えており、傍受できる情報量も質も、当時とは全く違います。

私たちが何の気なしに日々行っている、携帯電話でのメールやLINEなどのメッセンジャーアプリでのやり取り、Googleで検索したキーワード、Amazonでの書籍や物品の購入、位置情報の通知などが、インテリジェンスにおいては重要な情報になる、とNSAは考えました。Googleで爆発物の作製方法を検索し、Amazonで電気コードを購入、仲間に「明日決行だ」とメッセージを送る人物が特定できれば、テロ計画を進めているとみなし、事前に事件を防ぐことができる。つまり、こうした膨大な情報を掛け合わせて分析すれば、「テロを画策している人物の犯罪行為を未然に防ぐことができる」と考えたのです。

先にも述べた通り、アメリカでは2001年の同時多発テロ直後に愛国者法が成立しています。これにより、テロ防止という名目で国内の主に外国人に関する監視が強まりました。さらにアメリカ国民に対しても、外国諜報活動監視裁判所が許可を出せば情報を収集できるようになったのですが、その許可の対象や審査はどうなっているのかは国民からはわからない形になっていました。NSAとしては、外国人であれアメリカ国民であれ、あらゆる情報を入手して、未然にテロを防ぎたいという考えだったのです。

これは明らかに9・11を防げなかったトラウマによるものです。9・11のテロ犯たちは、互いにメールで連絡を取り合っていました。もちろんアルカイダは高度な暗号システムも開発していましたが、アメリカとしては「この時メールを捕捉し、解読できていれば、9・11は防げたはずだ」と考えたのです。

こうしたNSAの一網打尽式の情報収集は、以前から批判の対象になっていましたが、スノーデンの告発によって、本来のNSAの権限をはるかに逸脱し、網羅的で無差別に情報を収集する大規模な監視網が形成されていたことがわかったのです。

アメリカ政府は当初、国民に対する大量監視は「行っていない」と否定していましたが、その後はテロ対策において重要であると、監視の必要性を訴える姿勢に転じていました。しかし、必要性を訴え国民の理解を得てから監視を行うのと、国民に知られないように監視を行っていたのとでは話が違います。

また、NSAはもう一つの裏切りをしていました。それは、ファイブ・アイズと呼ばれるアメリカ、イギリス、カナダ、オーストラリア、ニュージーランドの5カ国が通信傍受や情報共有について協定を結び、「情報共有はするが、互いの国の通信は傍受しない」としていた取り決めを破り、アメリカがイギリス以外の3カ国について監視を行っていたのです。

スノーデンが情報を託した記者、グリーンウォルドはすぐに告発内容を精査し、「ガーディアン」紙で記事にしましたが、イギリス政府にとってもスノーデンの告発は都合が悪かったようです。イギリスの政府通信本部（GCHQ）の職員が「ガーディアン」の編集部を訪れ、スノーデンの情報が入ったパソコンを、職員らが見ている前で破壊しろと命じ、実行させています。グリーンウォルドはこの時、編集部にはいませんでしたから、編集部のパソコンを破壊しても情報がすべて消えてなくなるわけではありません。職員もそれは承知のうえで、報道機関に圧力をかけたのでしょう。

私は2017年に放送されたNHK『クローズアップ現代』のスノーデンを特集した番組に出演しました。NHKの取材班がスノーデンと連絡を取った際、「もしパソコンを使うなら、全くの新品を買ってきてもらいたい。そしてネットにつながず、情報を入れたら、その後は電子レンジに入れて保管してくれ」と言われたそうです。電子レンジは電磁波を遮断できますから、外からの干渉も防ぐことができる。そこまでしなければ、パソコンや携帯電話での通信は傍受され放題だというのです。

果たして、本当にそんなことが可能なのか。そう思うのも無理はありませんが、実際に、スノーデンの証言を裏付けるような事件も発覚しています。

2013年、ドイツのメルケル首相の携帯電話での通話内容がNSAに盗聴されていたという疑惑が報じられました。さすがに首相として使う電話には盗聴防止装置がついていたようですが、キリスト教民主同盟の党代表として使う携帯電話にはそこまでのセキュリティ装置がついていなかったため、盗聴されたのはそちらの電話なのではないかと言われています。

安全保障上の脅威になる国に対して監視や盗聴を行うならまだわかりますが、アメリカにとってドイツはNATOに加盟する同盟国でもあり、アメリカの脅威になる国ではないはずです。ファイブ・アイズのメンバーも諜報の対象にしていたアメリカにとっては、同盟国といっても油断ならないということなのでしょう。

この報道直後、オバマ政権の副大統領だったバイデンが、メルケルにお詫びの電話を入れ、盗聴の事実は認めなかったものの、「これからはもうしない」と述べています。これでは「語るに落ちる」としか言いようがありません。

当のオバマ大統領自身も、大統領に就任するまで愛用していたBlackBerryという携帯電話の機種を、大統領就任後にいったん手放しました。当局から、「盗聴防止装置をつけるので預からせてください」という申し出があったからです。このエピソードも、「携帯電話は防止装置がなければ盗聴し放題である」ことを物語っています。

在日米軍が駐屯する横田基地での勤務経験もあるスノーデンは、NSAがアメリカ国民に対して行った監視だけでなく、外国、特に日本に対する監視についても具体的な警鐘を鳴らしています。

日本から世界中どこにでもつながるインターネット通信を行うために備えられている光ファイバーや海底ケーブル。この線を通じてすべてのネット上のコミュニケーションが行われています。こうした通信情報は最終的にはアメリカの通信事業者の元にたどり着く。この情報を、事業者はNSAに提供しているのだと指摘しています。地上の中継器に機器を取り付ければ、通信傍受は容易だというのです。

実際、NSAが保管している通信の中には「日本」と分類された情報も存在していたといいます。こうした情報をNSAが保管していることを、アメリカ政府は日本政府に伝え、許可を取っていたのかどうか。少なくとも、ユーザーである私たちはNSAに通信情報の保存を許可してはいないはずです。

これまでもシギントと呼ばれる通信情報の傍受は、インテリジェンスの世界で常日頃、行われてきたことです。ただしそれはあくまで敵国の動向を知るための通信傍受や暗号の解読でした。

しかし2001年の同時多発テロ以降、特にアメリカは「テロの時代」を意識せざるを得なくなり、「誰が敵なのか」「どこにいるのか」を把握できなければ、国家を守れないという事態に直面しました。一方、テクノロジーの発達で何千万人もの市民を諜報の対象とし、網羅的で無差別に監視対象とすることが可能になってしまった。「やらない手はない」というわけです。

テロリストをあぶり出すためには手段を選ばない、国民や他国の人々のプライバシーを踏み越えてでも危険人物を探り当てなければならないという姿勢が、こうしたNSAの監視網を生み出したのでしょう。また、監視を正当化する側は「見られて何かまずいものがあるとでも言うのか」と言います。しかしスノーデンは、「プライバシーは自分が自分であるために必要な権利」であり、国家の安全保障を理由に一方的に侵害されていいものではない、と告発の理由を明らかにしています。

こうした思いからアメリカの国家機密を告発したスノーデンを、アメリカ政府や一部メディアは当然ながら「裏切り者」「反米思想の持ち主」「ロシアのスパイではないか」などと批判しました。しかしスノーデンは、いわば純粋な愛国者であり、それゆえに祖国を告発したのです。

スノーデンは2001年の9・11同時多発テロに衝撃を受け、軍に入り、その後CIAに就職します。父は軍隊の仕事に就き、母は裁判所職員、祖父も海軍の提督だったという家系で、彼自身も政府の仕事に就きたいと考えてのことでした。CIAでは、イラクに対するスパイ活動に従事していたといいます。そして自分の技術力を生かしたいと考え、さらに転職した先がNSAと契約する民間のIT企業でした。

そこでスノーデンは、トップ・シークレットに分類される情報にもアクセスできるようになり、NSAがアメリカ国民を無断で監視していることを知ります。もちろん、先にも述べたように9・11の直後に成立した愛国者法によって、テロ情報を捜査するという名目があれば「国民の安全を守るために」携帯電話の通話記録やメールの通信記録を提出させることができるようになっています。

しかしそうした理由で通信を傍受していい相手かどうかの妥当性を判断するのは、表向き「外国諜報監視裁判所」だとされているものの、基準は不透明だったのです。これに対する批判はありましたが、徐々にアメリカでもNSAの監視に対する警戒は薄れてしまっていました。ブッシュ（息子）政権の下で始まった国民に対する監視に、当初反発していた民主党も、オバマ政権に代わってからはほとんど異を唱えなくなってしまったのです。スノーデンはそうした世論の無警戒さにも危機感を覚えていたのでしょう。

結局、アメリカは「テロ阻止」を口実に国民を好きなように、許可も得ず監視しているのではないか——。実際、NSAは「網羅的・無差別的」な監視、マス・サーベイランスを行っていました。その実態を問題視したスノーデンが、NSAから機密情報や機密文書を持ち出し、ジャーナリストに託す形で告発した、というわけです。

スノーデンはFBIから情報漏洩罪などの容疑をかけられる容疑者となり、最終的にはロシア国籍を取得しましたから、「やはり親ロ派、ロシアの息がかかったスパイだったのではないか」という憶測も飛び交いました。しかしスノーデンはもともとロシアへの亡命を目指していたわけではありませんし、ロシアからしても正義感から政府を告発するような危険人物は、「裏切り者」に他なりません。

そのため、プーチン大統領も当初は「裏切り者は許せない」と亡命を受け入れない姿勢を取っていましたが、スノーデンが香港から南米に飛ぶ過程でアメリカがパスポートを無効にしてしまったため、飛行機の経由地としてたまたま降りたモスクワに留め置かれることになり、仕方なくロシアが亡命を受け入れた形になりました。

この時プーチン大統領は、「元スパイという人間はいない」という名言（迷言？）を吐いています。つまり、いったんスパイになったら死ぬまでスパイだ、という意味です。ということは、プーチン大統領はKGBのスパイだったことがありますから、今も個人的には自分はスパイだと自覚していることを意味します。

スノーデンは、ジャーナリストを介しての告発をせざるを得なかった状況について、アメリカの内部通報制度がうまく機能していないことを指摘しています。本来であれば、NSAにいながら内部通報を行い、行政の監督・監察機関に諮《はか》り、行政の妥当性をチェックする一方、内部通報者の身元や権利は守られるという政府内の仕組みを利用すべきです。しかし、スノーデンよりも前にこの制度に則ってNSAによる大量監視について通報したトーマス・ドレークが、内部通報を問題視されて解雇されたという事件がありました。

スノーデンはこうした前例を見ていたからこそ、「内部通報では問題の解決にはつながらない。機密文書をジャーナリストに渡すことで、自分の偏見ではなく記者の客観的な判断から報道してもらい、問題提起したい」と、メディアへの告発に踏み切ったのです。

こうした告発を受けて、2015年に愛国者法が失効し、その後は新法である「米国自由法」が成立しました。米国自由法は、当局が裁判所の令状なしで不特定多数から情報を集めることを禁止する条項や、令状発行の手続きを透明化する条項が盛り込まれ、NSAの監視に制限をかける内容になっています。

そして2020年9月、サンフランシスコの米連邦控訴裁判所は、NSAによるアメリカ国民の令状なしの大量監視は違法である、とする判決を下しました。実に7年越しに、スノーデンの言い分が司法の面からも認められることになったのです。

欧米の選挙を攪乱したロシアのサイバー攻撃

膨大な情報を収集、発信できるインターネットをインテリジェンスに活用しようと考えるのは、アメリカだけではありません。プーチンが大統領就任後、力を入れていたのがインターネット戦略です。

プーチンは2000年代に旧ソ連地域で起きた民主化運動を「西側が起こしたものだ」と捉えていました。第2章、第3章で見てきた冷戦期のCIAの政治工作を思い起こせば、プーチンがそう思い込むのも無理はありません。そこで、対抗策として、インターネットでの影響力工作に乗り出します。プーチンからすれば、ネットを使って西側諸国や旧ソ連地域に攻撃を仕掛けるのは、あくまでも西側の影響力を削ぐための防御なのです。

2014年のクリミア侵攻時には、実際の軍隊の侵攻前にウクライナに対してサイバー戦を仕掛けました。インフラなどを中心にシステムをダウンさせ、国民に対しては携帯電話に偽情報のメールを送り付けて混乱に陥れて軍事行動に移り、あっという間にクリミア半島を手中に収めました。こうしたサイバーと実際の軍事力を合わせたロシアの戦い方は「ハイブリッド戦争」と呼ばれ、21世紀の新しい戦争の形だと大きな話題になりました。

特にウクライナ国民向けの偽情報の流布は、ウクライナ国内にロシアがソ連崩壊後も持ち続けていた拠点が発信地になっていたと言われています。ウクライナも旧ソ連の一員ですから、KGBの中でも国内治安を担当する部署、つまりソ連崩壊後にFSBの第2総局になった部署のウクライナの出先機関や人員がそのままとどまっていた。そうした人々がウクライナ国内の情報を攪乱していたのです。

さらにロシアの情報戦略にはウクライナなど旧ソ連だった国や地域だけでなく、西側諸国に対しても、偽情報を流して世論形成や政治決定に影響を及ぼそうというものが含まれていました。日頃から「ロシア・トゥデイ」(RT)や「スプートニク」のような政府系メディアがロシアの立場をニュースの形で発信していますが、「ノーヴァヤ・ガゼータ」のような独立系メディアとは違い、あくまでも政府広報に近い形の発信を行っています。そのため、「ロシア・トゥデイ」や「スプートニク」を報道機関ではなく、プロパガンダ機関とみなす人たちもいます。

こうした情報戦でとりわけ狙われるのが選挙です。報道の自由がある国では、様々なニュースや意見、評論が発信されます。特に選挙時には多くの人が政治に関する話題やニュースを求めますし、自ら意見を発信します。そこでロシアは、そうとわからない形でロシアに都合のいい情報を流すことで、選挙結果にも影響を及ぼせると考えたのです。

以前であれば、スパイが標的国の中に親ロ派を作り、ロシアに都合のいい言説を流させるという工作を行っていたところですが、ネット時代にはロシアから偽情報を流すだけである程度の影響を及ぼすことができるというわけです。ここでも以前なら標的国に潜入したスパイが担っていた任務が、ネットで代替が利くようになったという変化が起きています。

最も大きな問題になったのが、トランプが大統領に選出された2016年11月に投票が行われたアメリカ大統領選です。

アメリカでは日本以上にFacebookのユーザーが多く、ロシアはアメリカ人を装った架空のアカウントを大量に作り、トランプの対立候補だったヒラリー・クリントンの悪口や批判、「悪魔崇拝だ」「小児性愛者を支援している」といったフェイクニュースを書き込み、拡散させました。ヒラリーは国務長官時代に特にロシアに厳しい態度を取っていたので、ロシアとしてはヒラリーに当選されるのは都合が悪かったのです。一方、トランプは不動産業でロシアと接点があるだけでなく、「プーチンは天才だ、素晴らしいリーダーだ」とほめそやしていました。ロシアとしてはトランプが大統領になる方が、都合がよかったのです。

そこでロシアはアメリカの民主党の上層部のメールや選挙資金に関するデータをサイバー攻撃に

よって盗み取りました。その中で、ヒラリーが国務長官時代に私用メールを使って機密情報をやり取りしていたことが発覚し、トランプは猛烈にヒラリーを批判しました。確かにそれ自体は問題と言えますが、メールの流出がロシアのサイバー攻撃によるものだったこと、それも選挙結果をロシアに都合のいい方に誘導しようという意図から行われたことは、さらに問題です。

しかしそうしたFacebook上の書き込みが、ロシアが作った偽アカウントによるものだったこと、ヒラリーのメールを暴露したのがロシアの仕業だったとわかったのは、選挙が終わった後のことでした。結果としてロシアは、トランプ選出という、自らに都合のいい選挙結果を得ることができたのです。

しかもこの時には、トランプ陣営もSNSを使って対立候補の支持低下や自分たちの支持を広げる戦略を実行していました。トランプ陣営の選挙戦略を主導した政治コンサルタントのスティーブ・バノンは、イギリスの選挙コンサル会社であるケンブリッジ・アナリティカと組んでFacebookのデータを大量に購入し、SNS上でビッグデータを使った効果的な宣伝を展開したのです。結果的にバノンとロシアのネット戦略は互いに相乗効果を生んだような形になりました。

問題は、これが「結果的に」生まれた相乗効果だったのかということ。つまり、トランプ陣営とロシアが共謀した可能性があるのではないかという疑惑が選挙後に浮上すると、アメリカは大騒ぎになりました。この疑惑はニクソン大統領が辞任に追い込まれたウォーターゲート事件になぞらえ、「ロシアゲート」と呼ばれています。疑惑の捜査に当たったのはFBIですが、トランプ大統領は捜査を始めた時期にFBI長官を務めていたジェームズ・コミーを解任してしまいます。明らかな捜査妨害です。しかしコミーの下にいたFBIの幹部が、ロバート・モラーを特別検察官に据えて調査させました。

結果、共謀の事実ははっきりしないものの、ロシアの介入は認め、2018年2月にロシア人とロシアの3団体を起訴。団体にはロシアのIRA（インターネット・リサーチ・エージェンシー）も含まれます。こうした団体を通じてロシアが流したヒラリー批判の情報を、バノンが代表を務めていた右派サイト「ブライトバート」などが掲載、さらに匿名掲示板やSNSが広げたことで、トランプに有利なフェイクニュースが拡散したのです。

偽の情報を信じきってしまったトランプ支持者への影響は2016年の大統領選にとどまらず、2020年の大統領選でトランプが敗退すると「選挙は盗まれた」として不正選挙を訴えるようになります。そして2021年1月6日、米議会に突入し、死者まで出す大事件に発展したのです。

2016年の米大統領選後、ロシアの選挙介入が明らかになった以上、「他の国や選挙でも同じようなことが行われていたのではないか」と考えるのは当然のことです。米大統領選より少し前の2016年の6月には、イギリスがEUから離脱するか否かを問う国民投票が行われました。

結果、イギリスは離脱を選び、その選択は「ブレグジット」とも呼ばれましたが、ここにもロシアの介入があったのではないか、という疑いが浮上したのです。

西側の結束を弱めたいロシアとしては、イギリスがEUから離脱してくれれば好都合です。さらにNATOが弱体化すれば、ロシアにとっての目の上のタンコブがなくなるに等しい。やらない手はありません。

イギリスで調査したところ、2014年のスコットランド独立を問う住民投票にロシアが介入したことはほぼ事実であるとしたものの、2016年のEU離脱を問う国民投票に関しては「ロシア介入の兆候はあった」とするもので、介入を断定することはできなかった、という報告がなされています。

しかし報告時の首相はEU離脱派だったボリス・ジョンソンでしたから、「故意に簡素な報告にとどめたのではないか」との指摘がくすぶりました。一説には、ブレグジット用にロシアが作成したFacebook用の偽アカウントは15万件を超えるとも言われています。

そこで改めて英議会下院の情報安全保障委員会が調査した結果が2022年7月に公表され、「英政府はロシアの脅威を甚《はなは》だしく見くびり、必要な対応を怠った」と結論付けられました。ロシアの介入、影響力を及ぼそうという工作があったのに、イギリス政府は対処しなかった、ということです。

ただ、こうしたロシアのネット言論に対する介入が、常にロシアにとって都合のいい結果をもたらすわけではありません。2017年のフランス大統領選でもロシアは米英に対するのと同じように介入を試みました。ロシアとしてはリベラルなマクロンではなく、右派でプーチンを評価していたマリーヌ・ルペンを大統領にしたかったのです。ロシアはやはりサイバー攻撃で盗み出した本物のマクロンのメールに、偽情報を混ぜた形で、マクロンがケイマン諸島に秘密の銀行口座を持っているかのような情報をネット上にリークしたのです。

リークがあったのは投票の2日前。選挙前の報道規制が始まる直前でした。ところがフランスでは、英米のようにはうまくいかず、マクロンが当選したのです。既に英米二つのケースにおけるロシアの影響が取りざたされていたことが奏功したようです。

プーチンは大統領就任直後からネット、サイバー空間が今後の国家の安全保障や外交に大きな影響力を持つようになると考え、戦略や体制を構築してきました。政府からロシアの民間ハッキング集団に指示を出し、特定の人物のメールを盗ませたり、偽情報を拡散したりしてきました。中でもIRAは米大統領選で〝活躍〟したことで名が知られるようになりました。

西欧諸国のサイバーセキュリティ

一方、西側諸国もかなり早い段階から、中国やロシアのサイバー攻撃を警戒しており、2008年の時点でNATO加盟の7カ国がエストニアの首都タリンに「NATOサイバー防衛協力センター」を開設しました。エストニアは2007年にロシアからのサイバー攻撃によって政府や金融機関がシステムダウンした経験があります。ロシアの攻撃の理由は、エストニア国内に立つ旧ソ連兵の銅像を撤去しようとしたことにありました。このサイバー攻撃に対してNATOは、「サイバー攻撃は軍事攻撃とはみなせない」としたものの、サイバーセキュリティの強化が安全保障には必要不可欠だとして、エストニアにNATOサイバー防衛協力センターを作り、エストニアも電子政府化を推進するなど、一気にサイバー防御機能を強化しました。

しかしそれはサイバー攻撃といってもインフラを破壊したり、情報を盗み取ったりするという方面を警戒する意味合いが強く、「アメリカ人に成りすましたFacebookのアカウントを作り、偽情報やロシアにとって不利な政治家の批判を大量に拡散する」という手法と組み合わせる戦略までは、見通せていなかったのではないかと思います。だからこそ、2016年のEU離脱投票、米大統領選でのロシアの影響力行使を許すことになってしまったのでしょう。

こうしたロシアの介入は、選挙や投票に直接の影響を及ぼすだけでなく、民主主義制度やその価値そのものへの信頼を毀損《きそん》するのに十分でした。アメリカ社会の分断はさらに深まることになったのです。

もちろん、「西側」視点のニュースや報道だけを見ていてはわからない、ロシアや中国など「東側」の国々の価値観や思想、物の見方を知る必要はあります。私たちの周りにはアメリカが発信地になった情報が溢れているからです。

しかし発信された情報の真偽を見極めるリテラシーがなければ、工作として発信された情報を鵜呑《うの》みにし、発信者の望む判断を下してしまいかねません。情報を読み分析する力、インテリジェンス力はスパイや情報機関の世界だけでなく、私たち自身にも必要不可欠な能力になってきているのです。

アンナ・チャップマンとスクリパリの「スパイ交換」

戦時下では、戦っている国同士の間で「捕虜交換」が行われます。スパイの世界にも、互いの国で捕まっているスパイ同士を解放する「スパイ交換」があります。2010年、米ロ間で実際にこのスパイ交換が行われ、世界的に大きな話題になりました。

その中心にいたのが、ロシアのアンナ・チャップマンという女性スパイです。KGBで対外諜報を担当していた部署の後継組織であるSVRに所属しており、その容姿から日本では「美しすぎる女性スパイ」としてニュースになりました。

アンナ・チャップマンは父もKGB幹部というある意味筋金入りのスパイです。ロシアのスパイとしてアメリカに潜入するため、まずイギリスで結婚し、「チャップマン」というイギリス風の姓と永住権を得ます。離婚後アメリカに渡り、敏腕ベンチャー起業家などを装って核弾頭開発の情報を得る諜報活動に従事していたところ、FBIに摘発されて捕まってしまいます。

一方、ロシア側から解放されたのは、ロシアの元GRU職員であるセルゲイ・スクリパリでした。スクリパリは在スペイン・ロシア大使館の駐在武官を務めていた時に勧誘を受けてスペインのスパイになった、いわゆる二重スパイでした。

大使館勤務を終えてロシアに戻った後もGRU内で昇進していましたが、さすがにモスクワに帰るとスペインの手には負えません。そこでモスクワにもスパイ網が届いているイギリスのMI6に引き継がれ、その後はイギリスに情報を渡すスパイとして働くようになり、イギリス国内のロシア人のスパイの名簿をMI6に渡していました。これによってイギリスに潜入していたロシアのスパイが次々に捕まり、おかしいと感じたロシア当局の調査によって「スクリパリが裏切っていた」ことが発覚。スクリパリは国家反逆罪の罪で逮捕されました。

イギリスとしてはスクリパリを救いたい。ロシアとしては、プーチンの後輩でもあるチャップマンを救いたい。そこでイギリスと関係の深いアメリカがチャップマンを含む10人を国外退去させる見返りに、ロシアはスクリパリを含む4名を釈放する形で、米ロ間でのスパイ交換が行われることになります。

実際に交換が行われた場所はオーストリアのウィーンの空港でした。オーストリアは中立国です。東西冷戦時代、どちらの陣営にも属さなかった結果、両陣営のスパイが多数暗躍していました。両陣営にとって慣れ親しんだ中立国。それがオーストリアが選ばれた理由です。オーストリアのウィーンの空港にはロシアの航空機も乗り入れていて、モスクワへ戻ったチャップマンをプーチン自ら空港に出迎えに行ったことが大きな話題になりました。KGB出身のプーチンにとって、チャップマンは事実上の後輩であるだけでなく、国家のために働いた英雄として称えるべき存在であり、出迎えは当然と考えたのでしょう。一方のスクリパリはイギリスに渡り、田舎でひっそりと暮らすことになりました。

しかしこれこそが事件の始まりだったのです。

スパイ交換から8年後の2018年3月、イギリスのソールズベリーという片田舎の街で目立たず暮らしていたスクリパリの元を、モスクワに住んでいた娘・ユリアが訪ねます。自宅を出た後、2人はショッピングセンターへ行き、レストランで食事をしました。食後、体調が悪くなった2人は近くの公園のベンチに腰かけるとそのまま倒れ込み、意識不明の状態で発見されます。しかも、通報を受けて駆け付けた警察官までもが、その場で倒れてしまい、3人は急遽病院に搬送されました。

検査の結果、スクリパリ親子と警察官からは神経剤のノビチョクが検出されました。ノビチョクは旧ソ連時代の1970年代から80年代にかけてソ連で極秘に開発された毒物で、二つの物質を混ぜることで有害になる厄介な性質を持っています。普通なら毒物の解析は困難ですが、たまたまソールズベリーの近くのポートンという村にイギリス国防省国防科学技術研究所があったのです。ここは東西冷戦時代からソ連や東欧が開発していた毒物や薬物の研究をしていました。この研究所の研究員たちによって、毒物がノビチョクだと判明したのです。

ではスクリパリ親子は一体どこでこのノビチョクを体内に取り込んでしまったのか。調べたところ、自宅のドアノブにノビチョクが付着していたことがわかりました。ドアノブを摑んだスクリパリの手から吸収され、さらには気体となってユリアも吸い込むことになり、駆け付けた警察官までもがそうと知らず吸い込んでしまった、ということだったのです。その後、スクリパリの自宅を現場検証した警察官もドアノブに触ってしまい、一時重体になっています。

実はこの事件には、もう1人の被害者がいます。ノビチョクは税関等で毒物だと悟られないよう、香水瓶に入れ、さらに外箱に入れた状態でイギリスに持ち込まれました。そして犯人はスクリパリの自宅のドアノブにスプレーし、もう一度外箱に戻して近くのごみ箱に捨てました。そこへ、あろうことかゴミ箱漁りをしていた男性が香水の箱を見つけて拾い、「高級品の香水が落ちてた！」と思って恋人の女性にプレゼントしてしまったのです。彼女は喜んで自分の顔に吹きかけました。大量のノビチョクを直接吸収したことで、死亡してしまいます。

ノビチョクというロシアの毒物を使っている以上、スクリパリの殺害はロシアがやったことは間違いない。では誰が実行犯としてスクリパリの自宅のドアノブにノビチョクを塗ったのか。

私もスクリパリの自宅まで取材に行きました。何の変哲もない普通の住宅です。居場所を隠していたスクリパリの自宅を、彼らはどうやって突き止めたのか。おそらく娘のユリアは、父親にモスクワから「会いに行く」という連絡を入れ、それをロシア当局が盗聴していたのでしょう。自宅を知られないようにしていたはずのスクリパリの居所は、ユリアを尾行することによって突き止められてしまったのではないでしょうか。

捜査は難航しますが、事件から半年後、2人の男が捜査線上に浮上します。事件の2日前、ロシアのパスポートでイギリスに入国した2人の男性の映像を警察が公開したのです。この2人は入国するとすぐにソールズベリーへ向かっていました。そこでイギリス警察は、映像と2人のロシア人が旅行時に名乗っていた「アレクサンドル・ペトロフ」「ルスラン・ボシロフ」という名前も公開することで、市民に情報提供を訴えたのです。

すると、驚くべきことに当のロシアが真っ先に反応しました。「2人は身元も確かだし、自ら証言するだろう」とプーチン自ら主張したのです。実際、プーチンが2人に言及した翌日のロシアのテレビに本人らが顔を出して出演し、自分たちはフィットネス関係の事業家であり、あくまで観光でソールズベリーに来ただけだと主張。「いい街だと聞いたので観光に来た。前から行ってみたかった」「高さ123メートルの塔が有名で」などと発言したのです。

しかし語るに落ちるとはこのことで、この証言に不自然さを感じた人たちがいました。それが、インターネット上の調査でメディアも警察も突き止められなかったような事件の真相を暴いてきた調査報道集団「ベリングキャット」の創設者エリオット・ヒギンズです。

ベリングキャット――国家を超えた新しいインテリジェンスの形

「ベリングキャット」は、ジャーナリストや諜報・情報の専門家ではなく、民間人や市民団体が主体となり、政府発表などに加え、Twitter、YouTube にユーザーが上げている画像や映像など、ネット上で調べられる膨大な情報を突き合わせて、真実に迫るという手法を取っている調査集団です。彼らを一躍有名にしたのは、2014年にマレーシア航空機がウクライナで撃墜された事件の真相を突き止めたことです。これはウクライナ東部にいたロシア系武装勢力がロシア軍のミサイルを使って撃墜したことを暴露したのです。

彼らはあくまでもオープンソース、つまり公開情報を用いて事実を突き止める手法を取っています。こうした手法はオシントと呼ばれています。

オシントは「スパイが時に非合法な手段も使って入手した機密情報」などではなく、あらゆるメディアに掲載され、多くの人が入手できる情報を精査することで得られるインテリジェンスであり、その意味ではかなり古くからある手法です。しかしそこにインターネットが加わったことで、得られる情報は爆発的に増えました。しかも、情報発信者もメディアに限りません。一般市民がいつでもどこでも、誰でも、どんな情報をも発信できるようになったという大きな変化がありました。

エリオット・ヒギンズ。公開情報によって調査、報道する「ベリングキャット」を立ち上げた
（写真：EPA＝時事）

膨大な情報の中には価値のあるものも、デマや偽情報も含まれますが、その玉石混淆《こんこう》の情報の渦の中から意味のあ

敵するようなインテリジェンス活動を行っている集団なのです。ベリングキャットは、その手法を使って、国家機関にも匹敵するようなインテリジェンス活動を行っている集団なのです。

私は過去に3回、ベリングキャットの創設者であるヒギンズにオンラインでインタビューしました。その時にスクリパリ事件の調査についても聞くと「調査は基本的にオープンソースを使っているが、それ以外に航空機の乗客名簿も入手した」と話していました。ロシアの野党指導者ナワリヌイ氏が、機内でノビチョクによって殺されかけた事件を調査した時も、ロシア国内の闇の市場で乗客名簿などを入手したと話しています。「ロシア社会は腐敗しているので、あらゆる情報が金を出せば手に入るのです」と語っていました。

ではイギリス警察もたどり着けなかったスクリパリ殺害の実行犯に、ベリングキャットはどうたどり着いたのか。

材料として手元にあったのは、彼らの顔写真と使っていた名前だけです。まず彼らは、実行犯が搭乗したであろうモスクワとロンドンを結ぶ航空機の乗客名簿を探り、登録されている出生日とパスポート番号を割り出します。そこからロシアの身分証明のデータベースをたどり、同じ出生日の人物の中で経歴が白紙なうえ、「いかなる情報も出さないこと」とのスタンプが押された人物のデータを発見します。これは犯人らが「観光でソールズベリーに来ただけ」とテレビで証言してから、わずか数分の出来事だったといいます。

そして「いかなる情報も出さないこと」とのスタンプの下に記載されていた電話番号にかけてみると、なんとロシア国防省につながります。ベリングキャットのメンバーは「彼らはGRUの所属ではないか」と推測し、2人が入ったと思われる軍の訓練機関の一つ、極東陸軍司令部士官学校に狙いを定め、ウェブ検索を繰り返しました。その結果、この士官学校の歴史を扱った記事が見つかります。そして「名誉ある最高勲章を受章した卒業生」として写真が掲載されている中に、2人のうちの1人によく似た男性が写っていることがわかります。そこでさらに検索してみると、テレビで証言していた2人のうちの1人、「ボシロフ」と名乗った男は、実際にはGRU内の特殊部隊スペツナズに所属し、第二次チェチェン紛争にも参加したアナトリー・チェピガ大佐だったのではないかという可能性が出てきました。

このことをベリングキャットが公表すると、その情報に基づいてチェコ・プラハのラジオ局が士官学校に関する写真や動画を調べ、そこで、オープンキャンパスで士官学校を訪れた一般市民がSNSにアップした校内の写真を見つけます。後ろの壁に学校の卒業生を称えるコーナーがあり、そこに「英雄」として写真と名前が掲載されている人物がいました。この男こそ、スクリパリ毒殺の実行犯の1人だったのです。

写真と添えられている名前から「この人物がアナトリー・チェピガというGRU所属経験のある人物であること」と、スクリパリ毒殺事件の疑いを解消するためにインタビューに応じていた人物とが一致したのです。

そしてもう1人の人物についても、ベリングキャットのメンバーがデータベースに検索をかけ、怪しい人物を見つけ出します。その名は、アレクサンドル・ミシュキン。自動車保険のデータベースで、同名の人間がGRU本部を現住所で登録していることがわかりました。さらにはベリングキャットメンバーが出身校と思しき学校の卒業生にSNSで連絡を取って得た情報や、その他の情報源からの情報提供などを突き合わせたところ、こちらもロシア軍の軍医であるアレクサンドル・ミシュキンであったことを突き止めるのです。

ロシア側も国営メディアを使って2人への容疑こそ陰謀であるというような情報をネット上に大量に拡散していたようですが、決定的な証拠を突き付けられてしまいます。この事件は、プロの諜報機関、それもロシアの諜報機関が、いわば諜報の素人であったはずの、それもネットのみで活動する集団に敗北したという歴史的な事件でもあったのです。

当初、「彼らは事件と無関係だ」と話していたプーチン大統領は、この証拠を突き付けられた途端、「だって（スクリパリは）裏切り者なんだぞ」と発言してしまいました。つまり、「ロシアにとって裏切り者なのだから殺されて当然だ」という意味のことを口走ってしまったのです。これこそ語るに落ちる、ということですね。この事件がプーチン大統領の命令ないし承認によって実行されたであろうことが推測できてしまったのです。

「ベリングキャット」とは、イソップ寓話集の一つから派生した慣用句です。ネズミたちが猫に襲われるのを避けるために、猫の首に鈴をつけようと話し合います。いい考えだと盛り上がりますが、「しかし誰が鈴をつけるんだ」と聞かれたら、みんなが黙ってしまった。つまり、「やれば効果的だが、非常に危険で、いざ実行しようとなるとしり込みしてしまう」。だったら自分たちで「猫に鈴をつけよう」。これが「ベリングキャット」です。

調査集団「ベリングキャット」は、あえて猫の首に鈴をつけるべく、オープンソースの解析を主体に調査報道に乗り出しました。世界中からアップされる情報をネット上で解析し、プロでもたどり着けない事実にたどり着きます。創設者のヒギンズはインタビュー時に「私はイギリスの、あくまでネットゲームが好きなオタクのオッサンです」と自嘲気味に話していましたが、だからこそ「オープンソースを使った仕事は、多くの人に力を与える。1000人が始めたら、大きな力になる」「日本でも、ベリングキャットからインスピレーションを得て、既存の仕組みから、我々のような取り組みが始まるといい」と話していました。

まさにベリングキャットの取り組みは、これまで国家など大きな組織のプロの手によってなされてきたインテリジェンスを市民でもできることを証明し、権力者の監視、つまり「猫の首に鈴をつける」ことに成功した一例と言えるでしょう。

なにより、インターネットという技術によってスパイの世界の時代の変化を感じさせる事件だったのです。ベリングキャットに参加して情報の収集・解析の手法を学んだ若者たちは、その後、「ニューヨーク・タイムズ」などの報道機関に就職して、オープンソースで真相を暴露するタイプの記事を書いているといいます。

日本でも、この手法に刺激されて新聞や放送局が独自の調査を始めるようになっています。毎日新聞取材班がまとめた『オシント新時代』（毎日新聞出版）は、この様子を描いています。

第5章

日本、アジアのインテリジェンスの実力とは

ここまで、現代史における スパイたちの暗躍を、米露を中心に見てきました。1991年までの冷戦期も、それ以降も、インテリジェンス分野においてアメリカとソ連(ロシア)、あるいはMI6(秘密情報部)を擁するイギリスが目立っていることは言うまでもありません。また、現時点で「世界最強」と言えるイスラエルのモサドについても、具体的な暗殺事件などをもとに紹介してきました。

しかしインテリジェンス機関は、多くの国に存在し、陰《かげ》に陽《ひなた》に、日々活動を行っています。この章では、日本と日本に身近な韓国・北朝鮮という朝鮮半島、中国のインテリジェンス機関と具体的な事件についてご紹介しましょう。

韓国・北朝鮮のインテリジェンス機関と攻防

まずは朝鮮半島の二つの国、韓国と北朝鮮です。第2章でも見た通り、第二次世界大戦後の朝鮮半島は南北で分断され、1950年からは朝鮮戦争を戦い、休戦から70年たとうという現在も終戦に至っていない状況にあります。民主主義を採用しながらも、当初は事実上の軍事独裁政権だった韓国と、社会主義を基礎としながらも、社会主義では考えられない世襲でリーダーを決めてきた北朝鮮は、冷戦期はもちろん、現在も冷戦構造そのままの西側対東側の対立を続けています。

そして両国は「朝鮮半島における国家として正統性があるのは我が国である」として、お互いの国を正式な国家とは認めていません。また、北朝鮮は韓国にスパイを送り込み、韓国は「北よりもうちの方が豊かでよい国になった」と宣伝するなど、互いに諜報戦、政治工作、情報戦を繰り広げてきました。

韓国では1961年に、軍人だった朴正熙《パクチョンヒ》がクーデターを起こし、政権を取ると、KCIA（韓国中央情報部）というインテリジェンス機関を設置します。本部の所在地から「南山《ナムサン》」とも呼ばれたKCIAは、国内で強力な捜査権、逮捕権を持っており、国内に入り込んだ北朝鮮工作員の摘発や、北朝鮮に感化されたとみなされた反政府派などを徹底的に取り締まりました。

朴正熙の死後、1981年には国家安全企画部と改称され、さらに1999年には大幅に権限を縮小した国家情報院に改称され、今に至ります。

対する北朝鮮は、朝鮮労働党中央委員会の下に統一戦線部というインテリジェンス機関を持っており、海外にいる朝鮮人同胞や韓国で北朝鮮に融和的な左派勢力への働きかけを行っている、と見られています。日本には在日朝鮮人の組織である朝鮮総連（在日本朝鮮人総連合会の略称）があります。ここには北朝鮮本国の統一戦線部からの指示や指令が届いています。また軍にも情報工作を行っている部署がありますが、全貌は明らかではありません。しかしどの情報機関も、主に「対南工作」、つまり韓国に対する工作を中心に諜報活動を行っています。

朝鮮戦争休戦からしばらくは、北朝鮮が韓国に武装ゲリラを送り込み、攪乱を図る事件が多発しました。最も有名なのは1968年の青瓦台《せいがだい》襲撃事件です。青瓦台とは韓国の大統領官邸のことで、官邸の屋根が青い瓦なので、こう呼ばれます。国家の中枢とも言える場所でした（2022年5月に大統領府が移転し、現在は公園として一般開放されている）。この場所で、北朝鮮の特殊部隊による官邸襲撃未遂事件が発生します。

1968年1月21日の夜、北朝鮮の特殊部隊が、韓国軍の制服を着て韓国に潜入します。小型の潜航艇を使って海岸から上陸したと見られています。目標は朴正熙大統領の暗殺でした。

ところが、北朝鮮では「韓国の首都・ソウルは荒廃している」と教えられていたために、煌々《こうこう》とネオンの輝く街を遠くから見て、「これがソウルであるはずがない」と思ってしまったのです。そこで、通りかかった韓国の市民に「ソウルはどこですか？」と尋ねます。

尋ねられた市民もびっくりしたでしょう。韓国軍の兵士が、こんな質問をするはずがありません。そこで不審に思った市民が警察に通報、警察はこれを受けて、青瓦台周辺で警戒態勢を取ります。韓国軍の服装をした集団に警察署長が声をかけると、北朝鮮の特殊部隊の隊員たちは銃を乱射。韓国警察との撃ち合いになり、さらに韓国軍も駆け付け、激しい銃撃戦になりました。

結局、負傷して捕虜になった特殊部隊員の自供から、暗殺計画が明らかになったのです。

1973年には、韓国の大統領候補だった金大中《キムデジュン》が、東京都内のホテルグランドパレスから拉致される事件が起きました。金大中は野党の指導者として当時の朴正熙政権を批判し、民主化を求めていましたが、朴政権が行った「維新クーデター」により韓国に帰国できなくなり、日米間を行ったり来たりしていたさなかでした。

この事件により、誘拐事件の舞台となった日本にも激震が走ります。白昼堂々、首都で隣国の野党の指導者が拉致されたのですから大変です。警視庁が捜査したところ、現場からは韓国大使館員の「金東雲《キムドンウン》」という人物の指紋が検出されます。彼は、たまたま民間人として日本に来た際、在留資格を得るために指紋を採取されていたことで、事件現場の指紋との照合がかないました。

事件後、金大中本人の証言でわかったことですが、金大中はホテルから連れ出された後、車に押し込められて移動する際に、周りの人間が「アンの家に行け」と言ったのを聞いています。おそらく「安」という韓国人の名字から取った、韓国人工作員のセーフハウスだったのでしょう。セーフハウスとは、文字通り「安全な家」。諜報機関の関係者が極秘に管理する家のことです。韓国のKCIAが日本国内に設置していた住宅のようです。

そこからさらに船に乗せられ、足に重りをつけられて海に投げ込まれそうになったところを、低空飛行で接近してきた自衛隊機に警告を受け、犯人らが投下を思いとどまり、何とか命が助かったという経緯だったようです。最終的にはソウルに連れ戻され、金大中の自宅前で解放されました。

なぜ自衛隊機が金大中の乗った船を発見できたのかなど、この事件も謎は尽きません。アメリカのＣＩＡ（中央情報局）が、韓国のＫＣＩＡの工作だと察知して、自衛隊に頼んで海への投下を止めさせたのではないかという仮説もありますが、自衛隊は、事実関係を否定しています。

なぜ大使館員の金東雲が金大中の拉致にかかわったのか。結果的には事件は、ＫＣＩＡの部長が、朴正熙大統領から評価されたくて独断でやったことであり、大使館員に勝手に指示を出したために起きた事件だった、と発表されました。

金大中拉致には無関係だとされた朴正熙大統領は、軍事独裁政権として、ＫＣＩＡを使った情報工作活動にも力を入れていましたが、１９７９年に自身がＫＣＩＡの金載圭《キムジェギュ》部長に射殺されるという最期を迎えています。金部長は、どうやらクーデターを画策してのことだったようですが、試みは失敗に終わり、「クーデターを抑える」という名目で別のクーデターを起こした陸軍将校の全斗煥《チョンドファン》が政権を取ることになります。

その後、「国家情報院」と名前を変えたＫＣＩＡですが、２０２０年には文在寅《ムンジェイン》政権の下でさらに権限が縮小され、北朝鮮のスパイに対する韓国国内での捜査や情報収集が警察に移管されることになりました。親北朝鮮の文在寅大統領が、スパイの取り締まりという北朝鮮が嫌がる任務の国家機関の機能を削減させた疑惑がある組織変更でした。国家情報院は将来的に、海外情報やサイバー対策などを行うのみとなります。

金大中拉致事件は韓国国内での内紛によるものでしたが、1970年代には、日本が北朝鮮の工作の舞台になりました。国交のない北朝鮮は外交官を日本に派遣することができません。そのため、かつては工作員を密入国で送り込んだり、脱北者を装いながら実は工作員だったり、朝鮮総連を通じて在日韓国人・朝鮮人をエージェントとしてスカウトするようなこともあったようです。

潜伏している工作員に対する指令なのではないか、と言われているのが、北朝鮮のラジオを通じた乱数放送です。北朝鮮は一時、ラジオを通じて、「平壌放送です。〇〇号電文を読み上げます」と述べたうえで、延々と数字を読み上げていく放送を行っていました。工作員はこれを解読する書物を持っていて、読み上げられた数字をもとに暗号を解読し、指令を受け取るのです。たとえば「34…18…6」だとすると、あらかじめ受け取っている書物の「34ページの上から18行目の文頭から6番目の文字」というように、この文字を抜き出して並べると、本国からの指令の文章になるというわけです。1970年代に多く流されていたこの乱数放送は一度途絶えたものの、2016年に再開されて話題になりました。

北朝鮮による事件で最も衝撃的なのは、日本人拉致事件でした。1970年代、日本海側を中心に、各地で不可解な失踪事件や行方不明事件が起きていました。しかし各地で起きている失踪が、互いに関連性のあるものだという視点は警察にはなく、ましてや外国に拉致されていた、などとは思いもよらなかったため、関連付けた捜査は行われていなかったのです。

ところが1987年、大韓航空機爆破事件が発生します。バグダッド発アブダビ・バンコク経由ソウル行きの大韓航空機がミャンマー近くのアンダマン海上空で空中爆発を起こします。状況から見て明らかにテロ事件でした。調べると、アブダビで降りた不審な「日本人親子」がいたことがわかります。2人はアブダビで降りた後、バーレーンに飛んでいます。バーレーンの日本大使館員が、バーレーンの警察官とともに、空港で2人を発見。事情聴取をしようとしたところ、「父親」は持っていた青酸カリの入ったアンプルを噛《か》み割って、その場で死亡。「娘」も同様のことをしようとしたところで、警察官が口の中に指を突っ込んでアンプルを吐き出させたため、女性は自殺ができないまま逮捕されました。

2人はバグダッドで搭乗した後、爆弾を仕込んだラジカセを客室の荷物入れに収納し、アブダビで降りていたのです。

逮捕された女性は「蜂谷《はちや》真由美」という名前のパスポートを所持していました。「日本人の親子が爆破テロを引き起こした」というニュースは衝撃的でした。当時、私はNHK社会部にいました

スパイ列伝 ❹

金賢姫

(1962-)

朝鮮労働党中央委員会調査部に所属した女性スパイ。1987年、蜂谷真由美の偽名で大韓航空機爆破テロを起こす。日本人拉致被害者の田口八重子(李恩恵と呼ばれる)から日本語教育を受けた。
(写真：時事)

が、「蜂谷親子」のパスポートに記載されていた東京都目黒区の住所に同僚の記者が向かうと、架空の住所でした。さらにパスポート番号は、全くの別人の男性のものでした。偽造パスポートだったのです。

逮捕された女性は「自分は日本人だ」と主張しますが、明らかに日本語が不自然です。「日本人ではない。北朝鮮の工作員ではないか」との疑惑が高まり、女性の身柄は、日本ではなく韓国に引き渡されました。爆破された航空機は大韓航空ですから、第一次捜査権が韓国にあったからです。韓国での取り調べの結果、「蜂谷真由美」は北朝鮮の工作員の金賢姫《キムヒョンヒ》だったことが判明します。

当時は、翌年にソウルオリンピックが予定されていました。北朝鮮の金正日《キムジョンイル》総書記は、大韓航空機を爆破することで、「韓国は怖い」という国際世論を作り出してソウルオリンピックを妨害しようとしていたのです。

それにしても、なぜ金賢姫は日本人に成りすましたのか。朝鮮戦争以降、北朝鮮は韓国に工作員つまりスパイを次々に送り込んでいましたが、ちょっとした振る舞いや言葉遣いの違いで、「韓国人ではない」ことが露見し、次々に捕まっていました。そこで、日本人に成りすませば、韓国人にも見分けがつかないだろう、日本人のパスポートを持っていれば、世界中の多くの国に簡単に入国できるだろうと考え、日本人に成りすます計画を進めていたのです。

逮捕された金賢姫は「日本に子どもを残してきた」という「李恩恵《リウネ》」と名乗る女性から日本語を学んでいました。「李恩恵」とは、何者なのか。捜査の結果、日本で行方不明になっていた田口八重子さんであることがわかります。ここで、1970年代に多発していた失踪事件と、北朝鮮の工作が結び付くことになります。それまで疑惑はありながらも事実かどうかが曖昧だった、北朝鮮による日本人拉致事件に光が当たるようになったのです。

北朝鮮は2002年まで、拉致の実態を認めませんでしたが、小泉純一郎総理と金正日総書記の間で行われた日朝会談で、金正日総書記が初めて日本人拉致の事実を認め、謝罪。5名の拉致被害者を日本に帰国させることになりました。

しかしあれから20年たちますが、北朝鮮は一貫して「それ以外の拉致被害者は既に死亡している」「拉致問題は解決済み」の姿勢を崩していません。

自国の政治工作のために、日本語教育に当たらせる。あるいは、当時まだ13歳だった横田めぐみさんのように、工作の一端を見られてしまったので口封じのために北朝鮮に連れ去った。子どもまで連れ去る、こうした北朝鮮のやり口は、日本人に「北朝鮮は無法国家である」との印象を持たせるのに十分でした。

金正男はなぜ
マレーシアの空港で殺害されたのか

近年も、北朝鮮では驚きの事件が起きています。2017年にマレーシアのクアラルンプール空港で起きた、金正男《キムジョンナム》暗殺事件です。金正男は先代の北朝鮮の指導者だった金正日の長男で、現在の指導者である金正恩《キムジョンウン》の母違いの兄にあたります。

北朝鮮の指導者の長男でありながら、金正男はかなり自由に世界を飛び回っていたようです。2001年には偽造パスポートで日本に入国しようとして逮捕され、「東京ディズニーランドに行こうとしていた」と供述して、大きなニュースになりました。この時はイギリスの対外諜報機関M

I6が、日本のカウンターパートである公安調査庁に「金正男が偽造パスポートで日本に向かった」との情報を伝えます。公安調査庁は法務省の外局であり、知らせを受けた法務省入国管理局(現・出入国在留管理庁)の職員が金を待ち受け、逮捕していました。

ちなみに、この時警視庁は、独自の情報源から金正男が入国することを事前にキャッチし、入国を待っていました。入国した後、尾行することで、どのような人物が金正男を案内するのか、どこに行くのかを把握しようとしていたのです。それが、入国しようとして逮捕されてしまったものですから、「捜査が台無しになった」と激怒したと伝えられています。

金正男は、閉ざされた北朝鮮のイメージとは違い、開明的で、北朝鮮の改革開放にも前向きだったようです。

しかし指導者の地位を父親から継承した金正恩にとって、金正男は邪魔な存在でした。時には「金正恩の世襲に反対する」とまで述べたこともある金正男です。もちろん北朝鮮は金正男暗殺への関与を認めていませんが、誰がやったのかは火を見るよりも明らかです。

2017年2月13日、金正男はマレーシアからマカオに向かう飛行機に搭乗する予定でした。マレーシアでCIAと接触し、現金を渡されていたために多額のドルを保有していた、という情報もあります。空港で列に並んでいたところ、後ろから突然、2人の女性に何らかの液体をかけられてしまいます。金正男は「何かされた!」と身の危険を感じ、また次第に不調を感じるようになったため、空港の係員に何やら掛け合いますが、そうこうしているうちに倒れてしまい、空港でそのまま命を落とすことになりました。

かけられた液体は、二つが合わさるとVXガスという殺人ガスを発生するものであったことが、遺体の解剖によって判明しました。これらの液体は別々に持っている限りは安全ですし、危険物だとは見破られにくい。金正男に液体をかけた女性たちは、「ドッキリ映像を撮るから協力してくれと言われたから液体をかけただけで、何も知らなかった」と証言しました。北朝鮮のプロの工作員の書いた筋書きに乗せられ、一般の外国人が要人暗殺の実行犯になってしまったのだからたまりません。

本来、北朝鮮側の狙いは、「飛行機に搭乗した後、機内で心臓マヒを起こし、急死する」というものだったのでしょう。行き先は中国の管轄下にあるマカオの空港ですから、どうにでも誤魔化しが利くだろう、と考えたのかもしれません。しかし、効果が出るのに時間がかかるはずだった毒ガスは、思ったよりも早く金正男の命を奪うことになり、事件が露見することになりました。

しかも、この事件の発生から、金正男が命を落とすその瞬間までが、空港の監視カメラに写っていました。その映像は瞬時に報道され、これまた世界中を震撼させることになったのです。

北朝鮮とマレーシアはそれまで国交があり、平壌《ピョンヤン》とクアラルンプール間にも直行便が飛んでいました。そのため、マレーシアには北朝鮮の幹部が多く訪れており、外交官や大使館員同士の水面下での交渉なども、マレーシアで行われることが多かったほどでした。しかしこの事件で、マレーシアは北朝鮮と国交を断絶。北朝鮮は暗殺という目的は達成できたものの、その代償として払わされたものもまた大きかったのです。

こうした「昔ながら」とも言える暗殺を行った北朝鮮ですが、一方で早い段階からサイバー方面にも力を入れています。

有名なのは、2014年に公開（日本では未公開）された金正恩の暗殺計画を描いた映画『ザ・インタビュー』を配給したソニー・ピクチャーズ エンタテインメントに対するサイバー攻撃です。北朝鮮は攻撃によって職員などの情報を盗み出し、さらに「9・11を忘れるな」と、劇場に対するテロを示唆するなど、配給会社を脅迫。結局、アメリカの一部の地域を除き、映画は公開中止に追い込まれました。

さらに近年では、北朝鮮はサイバー攻撃を外貨獲得の手段として活用しています。国連の制裁によって外貨を手に入れることが困難になった北朝鮮は、サイバーセキュリティが弱い国の中央銀行を狙って攻撃を仕掛けたり、現金を盗むよりも手軽な暗号資産（仮想通貨）をサイバー攻撃によって盗み出したりしているのです。

中央銀行を狙ったものでは、2016年にバングラデシュ中央銀行にサイバー攻撃を仕掛け、約8100万ドル（約120億円）を盗み出すことに成功しています。また、暗号資産に至っては、各地の暗号資産取引所などから2021年だけで約4億ドル（約600億円）を盗み出し、さらに2022年3月には、オンラインゲーム内で取引される暗号資産、約6億2000万ドル（約930億円）分を一度に盗むことに成功したと言われています。

2022年の北朝鮮は、これでもかというほどミサイルを連発していましたが、こうしたミサイルや核を開発する資金を、サイバー攻撃によって得ているのです。

近年の北朝鮮のサイバー攻撃には日本政府も警鐘を鳴らしています。2022年には金融庁、警察庁、内閣サイバーセキュリティセンター（NISC）が連名で、「北朝鮮当局の下部組織とされるラザルスと呼称されるサイバー攻撃グループによる暗号資産関連事業者等を標的としたサイバー攻撃について」と題する注意喚起を行いました。日本で「北朝鮮」「ラザルス」という固有名詞が入った形で注意喚起が行われるのは珍しいことです。それほど、北朝鮮のサイバー窃盗組織の活動が危険で活発だ、ということなのでしょう。

ハーバード大学ケネディ公共政策大学院ベルファーセンターは2022年9月、世界30カ国のサイバー能力をランク付けし、発表しました。上位は1位アメリカ、2位中国、3位ロシアと続き、北朝鮮は14位。日本は北朝鮮以下の16位にランキングされています。北朝鮮のサイバー能力は未知数ですが、少なくとも日本よりは実力があるようです。

「千粒の砂」——世界中の中国人が政府の諜報員に⁉

中国のインテリジェンスについても見ていきましょう。日本では2012年に中国の外交官・李《り》春光《しゅんこう》によるスパイ行為が摘発されています。李春光は身分を偽った外国人登録証で口座を作り、ウィーン条約で外交官が禁じられている商業活動を行っていた疑いがあります。その商業活動で得た資金を、日本国内でのスパイ活動に使っていたのではないか。そうした容疑で警察は李春光に出頭要請を行いましたが、李は出頭しないまま中国に帰国しています。

李は日本で国会議員に接触し、投資を持ちかけたり、日中間での農産物の輸出促進を目指す団体を作って国会議員や秘書との接点を作り出したりと、交流事業と見分けのつかない人脈作りにも勤しんでいました。

こうした、国の情報活動とそうでない交流活動の境目がわからないのが、中国の手法の特徴です。

また、日本との関係で言えば、日本の在上海日本総領事館に勤務する外交官がハニートラップに引っかかり、中国の公安からそれを材料に国家機密を漏らすように迫られ、自殺に至るという事件もありました。ハニートラップの仕掛人だった女性は上海のカラオケ店で働いていて、外交官とはここで知り合ったようです。しかしこのカラオケ店が、ハニートラップを仕掛けるための舞台だったのです。

外交官が出入りしていたカラオケ店には日本で勤務している海上自衛官も出入りしており、しかもこの自衛官が持ち出し禁止の情報を携えて無断で中国へ出国していたことも判明。実際に機密情報が中国側に漏れたかはわかりませんが、中国がどのように情報を収集しているかの一端が垣間見える事件でした。ハニートラップはロシアと並んでよく使われる中国の手法だと言われています。

さらに2017年には、CIAが中国国内に築いたスパイ網が壊滅したと報じられました。政府高官や軍の幹部になっている人たちをCIAのケースオフィサーが勧誘し、現地のエージェントとしていたのですが、実に12名ものエージェントが中国当局に見つかってしまい、2010年以降、次々に処刑されたというのです。

CIAの中に中国に情報を流すスパイがいた、あるいはCIAとエージェントが連絡を取り合う暗号システムを中国が解読し、中国側にエージェントの身元が割れ、処刑されたのではないかという二つの説がありますが、はっきりとしたことはわかっていません。

中国は外国に対する対外諜報活動はもちろん、国内の反体制分子を取り締まる国内の治安活動にも力を入れています。政府系インテリジェンスの最大組織は国家安全部で、国内外双方の情報活動を行っていますが、その規模、予算、組織構造などはすべて非公表で、実態は明らかになっていません。その他、党と軍もそれぞれ情報機関を持っていますし、日本やアメリカとは違って、共産党の党組織の中に新華社通信という報道機関を持ち、海外への宣伝や、海外での情報収集を行っています。国内での治安活動に力を入れているからこそ、中国は国内のスパイを捕捉し、スパイ網を壊滅することができたのでしょう。

2010年代以降、米中対立が強まる中、アメリカが「中国がアメリカ国内の対中言論をコントロールするプロパガンダの拠点になっている」として警戒しているものの一つが、各大学などに設置されていた「孔子学院」です。表向きには「中国語や中国文化を無償で教える教育センター」だとして、中国はその地域の教育機関などと連携し、世界中にこの孔子学院を設置してきました。中でもアメリカはこの孔子学院の最大の進出国で、その数は最盛期には120校にものぼっていました。

しかしその実態は中国のインテリジェンス機関である統一戦線工作部から資金や指示の出ている、まぎれもない中国の工作機関なのではないか、との指摘が相次ぎ、2014年頃から2020年までの間にかなりの数の孔子学院が閉鎖されてきました。

こうした、一見スパイ活動や対外情報活動とは関係なさそうな組織を使うのは中国の得意技です。他にも、海外に多く居住している中国系の住民（華僑）なども含め、関係国との間に友好団体を作り、文化や芸術、交流活動などを行いながら、実際には中国・共産党の意向に沿った情報活動や、中国に友好的な外国人を獲得し、育てる役割も果たしています。

様々な理由で海外にいる中国人を、情報機関の職員でもないのに自国の情報活動に利用する。現在も、これが中国のインテリジェンス活動の大きな特徴です。

しかも、中国では2017年に国家情報法が施行されました。この法律には「いかなる組織及び個人も、法律に従って国家の情報活動に協力し、国の情報活動の秘密を守らなければならない。国は、そのような国民、組織を保護する」（第7条）と定められています。つまり、海外にいる中国人であっても、「国家に必要な情報を提供しなさい」と命じられれば、それに従わなければならない、ということです。

実際、日本の大学に留学していた中国人留学生が、サイバースパイの片棒を担がされていた事件が発覚しています。中国のハッカー集団が足場として使っていたレンタルサーバーを、留学生が偽名で契約していたのです。この留学生は、中国在住の女性から「レンタルサーバーを偽名で借りてほしい」「日本のUSBメモリを購入して中国に送ってほしい」などと頼まれ、言うことを聞いてしまったのです。しかし徐々に注文がエスカレートし、「日本企業しか買えないセキュリティソフトを、日本企業に成りすまして購入しろ」と指示され、断ったところ「国に貢献しろ」などと協力を強要されたといいます。留学生など、一般の中国人をこうした工作に参加させる場合、「祖国に貢献したくないのか」と迫るケースの他に、「中国にいる親族がどうなってもいいのか」と脅迫するケースもあるようです。

留学生に協力を迫ったこの女性の夫は、中国人民解放軍のサイバー攻撃部隊に所属していたこともわかっています。そして女性の夫が所属する部隊は、実際に日本のJAXA（宇宙航空研究開発機構）や航空関連企業に対してサイバー攻撃を行っていたのです。元留学生は間接的にかかわったにすぎませんが、全体としてみれば日本に対するサイバー攻撃の一端を担ったことになってしまいました。

中国軍のサイバー攻撃のために、在外中国人、それも留学生まで使う。こうした中国のやり方に、アメリカは警戒感を強めています。

2022年7月には、ロンドンでMI5（保安部）のマッカラム長官と、FBI（アメリカ連邦捜査局）のレイ長官が合同で企業向けの講演会を行い、「中国のやり方に気をつけろ！」と警告を発しました。それによれば、中国は欧米企業の機密情報を盗むために様々な手段を講じており、サイバー攻撃はもちろん、協力者を使った情報の窃取を行っているといいます。そして習近平が掲げた「中国製造2025」、つまり中国が2025年までに製造業で世界の頂点に立つという目標を達成するために、手段を選ばず攻撃を仕掛けてきている、と断言しました。最も気をつけるべきは「千粒の砂」という戦略で、「中国共産党は、かつてのように外交官を偽装する工作員を使わない。様々なチャンネルを通じて情報を集めている」と指摘したのです。

「千粒の砂」とは、いわゆる工作員や外交官を使うのではなく、世界中に散らばっている中国人をその都度、情報活動に利用する戦略のことです。もともと中国は、特定のスパイに基づかず、多くの人手を使ってできるだけ多くの断片情報を集め、そこから使える情報を精査する手法を使っていました。これを「千粒の砂の中に一粒の砂金がある」と称したことから、中国の情報活動の姿勢や方針が「千粒の砂」戦略と呼ばれるようになりました。

実際、米シンクタンクの戦略国際問題研究所（CSIS）が、2000年から2019年初頭にかけてアメリカで起きた中国と関連したスパイ事件を確認したところ、137件の事件報告のうち、57%が「中国の軍人または政府職員」だった一方、36%が「中国の民間人」だったと指摘されています。実にスパイ事件の4割近くが、特別な訓練を受けたわけではない「民間人」とは驚きます。

こうした、広範囲の一般人を情報活動に使う中国の戦法を前に、防諜側は、一体誰を、どこまでの範囲の人間をスパイと考えて対処すればいいかがわからなくなります。また、全体で見れば大きなスパイ行為であっても、多くの人間が少しずつ関係し、しかも当人はスパイ行為を行っているという自覚もないとなれば、仮に発覚しても司法で裁くことができません。

さらに留学生で言えば、先のサイバー事件のように具体的な指示を受けるだけでなく、実際に留学生として欧米の大学で見聞きした情報を、中国に持ち帰って祖国の発展に生かせ、という大きな方針も打ち出されています。受け入れる欧米側の大学としては、優秀な中国人留学生や研究者であればあるほど、自国での研究・開発成果を中国に持ち帰られる危険性が常に存在している、ということになってしまいます。

また、実際に研究者の立場で世界中の研究機関や催しに参加し、そこで情報を得たり、意見交換したり、各国の研究者と知己を得たりすることは、当然、スパイ行為にはあたりません。そのため、中国はこうした立場の人間や、それに成りすました工作員をうまく使い、アメリカなどの科学技術情報を得ては国家の技術力向上に生かしていたようです。中国は1988年に中性子爆弾の開発に成功しました。FBIはこれを「中国が独自に開発したものではなく、アメリカの国立研究所から獲得されたものだ」と分析しています。特にアメリカの軍事技術にかかわる研究や開発を行っている機関は、中国としては狙い目です。アメリカは近年の中国の技術開発能力の飛躍は、留学生や研究者、さらにサイバー攻撃によってアメリカから盗んだ技術によって達成されたものであると考えているのです。

こうした中国式の情報収集は1970年代から行われてきたのですが、ここへきてアメリカが警戒感をあらわにしているのは、「中国は豊かになれば民主化し、共産党一党独裁体制から脱却するだろう」という見通しが間違っていたことを認識したからです。さらに中国の科学技術力の伸びが想像以上に早く、サイバー領域での中国の活動があまりに活発なことが影響しているのでしょう。

そのサイバー攻撃の足掛かりになっているのが、中国製の通信機器なのではないか。機器にバックドア（外部からシステムにアクセスできるような経路＝ドアのこと。中国の場合は海外に販売する際に前もってこのドアを作っておき、外部からの情報窃取やサイバー攻撃の経路としている）が仕掛けられていて、米国内の通信情報がすべて中国に筒抜けになっているのではないかと危惧しているのです。特に中国の通信大手企業であるファーウェイに対する警戒感が強まっていますが、そこにはバックドアの問題に加え、国家情報法の規定に基づき、「ファーウェイが業務上、アメリカで知り得た情報を、中国当局からの要請があれば政府に提供するのではないか」と考えられていることも含まれています。これが、米中対立の中でも「経済安全保障」と言われる分野で、アメリカから中国製品の排除が進められている一番の理由です。

中国製品を排除し、中国系企業を減益させることで、次世代製品の開発や、戦略物資と言われる半導体製造技術を磨くための資金を絶ちたい。アメリカの研究を中国人留学生や研究者が持ち帰るのを阻止し、中国の科学技術力の成長を鈍化させようという狙いがあるのです。

米中の間に挟まれた日本も、当然無関係ではいられません。

日本のインテリジェンス能力は

「耳の長いウサギになれ」

日本の情報活動のあるべき姿はこうたとえられます。常に周囲の情報に耳を傾け、危機を敏感に察知する。自身にはオオカミやトラのような攻撃力はないけれど、その分、情報には人一倍敏感であるべきだ。そんな発想から出てきたのでしょう。

戦前の日本は、陸軍中野学校という軍のスパイ養成組織を持っていました。中野学校は、日露戦争で諜報・謀略任務に就いていた陸軍の軍人・明石元二郎《あかしもとじろう》を一番の手本としていました。その功績は目覚ましいものでした。巨額の工作資金を元手にロシア国内で攪乱工作などを行い、対日戦争の意思を挫折させることに成功しています。まるで冷戦期のCIAのような働きぶりです。

中野学校はこれに倣《なら》い、「秘密戦争こそが戦争である」という考えに基づく教育を行っていました。出身者には、ゲリラ戦の教育を受け、終戦後もフィリピンのルバング島で戦闘を続けていたところを発見され、1974年に帰国した小野田寛郎《おのだひろお》氏がいます。小野田氏は「上官の命令があるまで戦えと言われたからここまでやってきた。終わる時も上官の命令がなければ帰国しない」と

スパイ列伝 ❺

明石元二郎
(1864-1919)

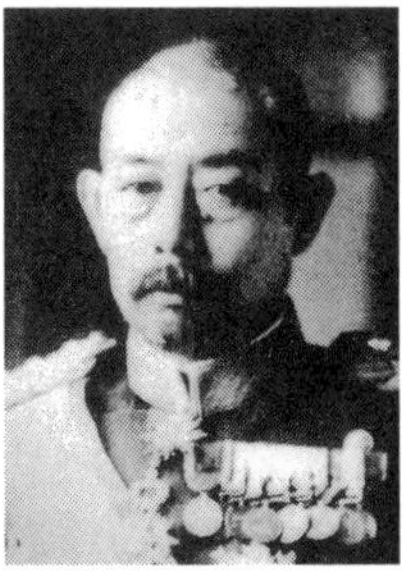

陸軍軍人。1904年の日露戦争開戦時、ロシア公使館付武官として諜報・謀略活動を行う。巨額の資金を受領し、ロシア国内の攪乱工作などを実施。陸軍中野学校の教範の手本とされた。
(写真:近現代PL/アフロ)

言い、戦時中の上官が直にフィリピンに帰還命令を伝えに行ってようやく帰国がかなった、というエピソードがあります。

戦後は解体され、わずか7年しか存在しなかった中野学校ですが、「青白きインテリが多い」と言われる現在のCIAなどと同じように、優秀な大学の学生たちが声をかけられて入校したケースが多く、高い分析力を持っていたようです。

戦後、アメリカの占領下でCIAやMI6のような対外工作、秘密工作を遂行する機関や組織はなくなり、日本の対外情報能力は著しく低下しました。しかし、戦後すぐから共産主義との闘いが始まったことで、国内の共産主義者の監視のための組織が必要になります。これは日本だけでなく、むしろアメリカも望んでいたことでした。

しかし日本軍は解体してしまったため、国内の諜報活動は警察が、海外については外務省が中心となって行うことになります。その後、日本の再軍備化によって防衛庁・自衛隊が誕生してからはソ連など共産圏に関する情報収集や分析を、自衛隊も担うようになります。

しかし敵もさるもので、日本に入り込んでいたソ連のKGB（国家保安委員会）やGRU（ロシア連邦軍参謀本部情報総局）の職員が在日米軍や自衛隊に関する膨大な情報をソ連に送信したり、対ソ情報活動に従事していた自衛官を籠絡し、部内情報を入手したりしていました。

後者にあたる事件は当事者の自衛官の名前から「宮永事件」として知られています。ソ連との情報のやり取りを察知した警察が、宮永に接触していたGRUのコズロフ大佐に出頭要請を出したところ、在ソ連日本大使館の防衛駐在官が出先のジョージア（旧称グルジア）で毒入りウォッカを飲まされるという報復が行われたといいます。第4章で見た、裏切り者への毒を使った報復を彷彿《ほうふつ》させる事件です。

警察は主に国内の情報を収集し、中でもテロにつながる動きがないかどうか、あるいは国内で諜報・情報活動を行い、公務員などから機密情報を奪おうとしているスパイなどの捜査を担当する外事課が置かれています。

外務省は世界各地にある日本大使館を拠点に、その地で情報収集を行っている外交官から上がってくる情報を精査しています。大使館には防衛省や警察庁からも人員が派遣され、特に自衛官で大使館付きの任を受けて派遣されている人を防衛駐在官と呼んでいます。彼らは派遣先の法律の範囲内で情報収集を行っています。

防衛省には1990年代後半まで各部署から上がってくる情報を統括する組織がなく、ようやく情報本部が設置されたのは実に1997年のことでした。

加えて、法務省の外局である公安調査庁も情報活動に従事しています。破壊活動防止法の適用団体を監視するために作られた組織で、国内の右翼団体、左翼団体、カルト集団の他、かつて暴力革命を標榜していた日本共産党を監視しています。現在の公安調査庁は国際テロ対策の観点から対外情報も収集しており、その対象には中国や北朝鮮も含まれています。

ファイブ・アイズに入りたい日本

戦後、一貫して「国内外における情報活動が弱い」と言われてきた日本も、近年、その姿勢が変わってきました。2013年には「特定秘密保護法」が制定され、公務員を対象に機密を外部に漏らした場合に罰する法律が定められました。

これはアメリカのブッシュ（息子）大統領と小泉総理が日米のトップで「日米蜜月」と言われて

いた時代に、ブッシュの方から「日本にファイブ・アイズの情報を渡してもいいんじゃないか」と言い出したことに始まります。小泉総理はアメリカのイラク戦争にも協力的でしたから、ブッシュは気をよくしていたのかもしれません。

日本も、世界最高峰のインテリジェンスのおこぼれをもらえるなら、これに勝ることはない、と喜びましたが、アメリカ側から注文が付きます。「日本に渡した情報が、日本から漏れることがないようにしてもらわなければ、情報は渡せない」と。もちろんアメリカもどの情報を渡すかは精査していますが、重要情報がすぐに中国やロシアに漏れてしまうようでは困る、というわけです。

そこでできたのが、特定秘密保護法です。「特定秘密」とは、漏洩すると日本の安全保障を著しく毀損する「防衛・外交・テロ・スパイ」に関する情報のことで、その情報を扱える人物をきちんと管理しようとするものです。政府関係者の間でも「あの法律ができてから、アメリカから来る情報の質が格段に上がった」と言う人がいるほどです。

ただ、第4章で取り上げたスノーデンの告発からもわかるように、アメリカはファイブ・アイズにおけるイギリス以外の3カ国に対しては監視や盗聴を行っていました。もちろん、同盟国で米軍基地のある日本の情報は既にアメリカに「丸裸」にされているのでしょうが、「ファイブ・アイズに入れてもらえる」と喜んでばかりはいられません。インテリジェンスの世界で、一方的に情報を与えられるということはありませんから、高度な機密情報を渡される以上は、こちらも何らかの情報を相手に渡さなければならない、ということでしょう。

現在、日本には内閣情報調査室や2014年にできた国家安全保障局（NSS、日本版NSA）があり、警察や外務省、防衛省から上がってきた情報を精査・管理したうえで首相に報告するシステムが存在しています。

さらに安全保障の分野では、日本は近年、日米同盟の緊密化はもちろん、中国の台頭を念頭に置いたアジア太平洋地域の安定を強化するため、日米豪印4カ国での連携を図る「QUAD《クアッド》」などの枠組みを強化してきました。ここでも当然、互いに持っている情報の一部を共有していますし、さらには中国だけでなく北朝鮮の核やミサイル対処の必要性から、アメリカの同盟国である韓国と、日本の連携も図るべきだと言わ

〈日本の情報機関〉

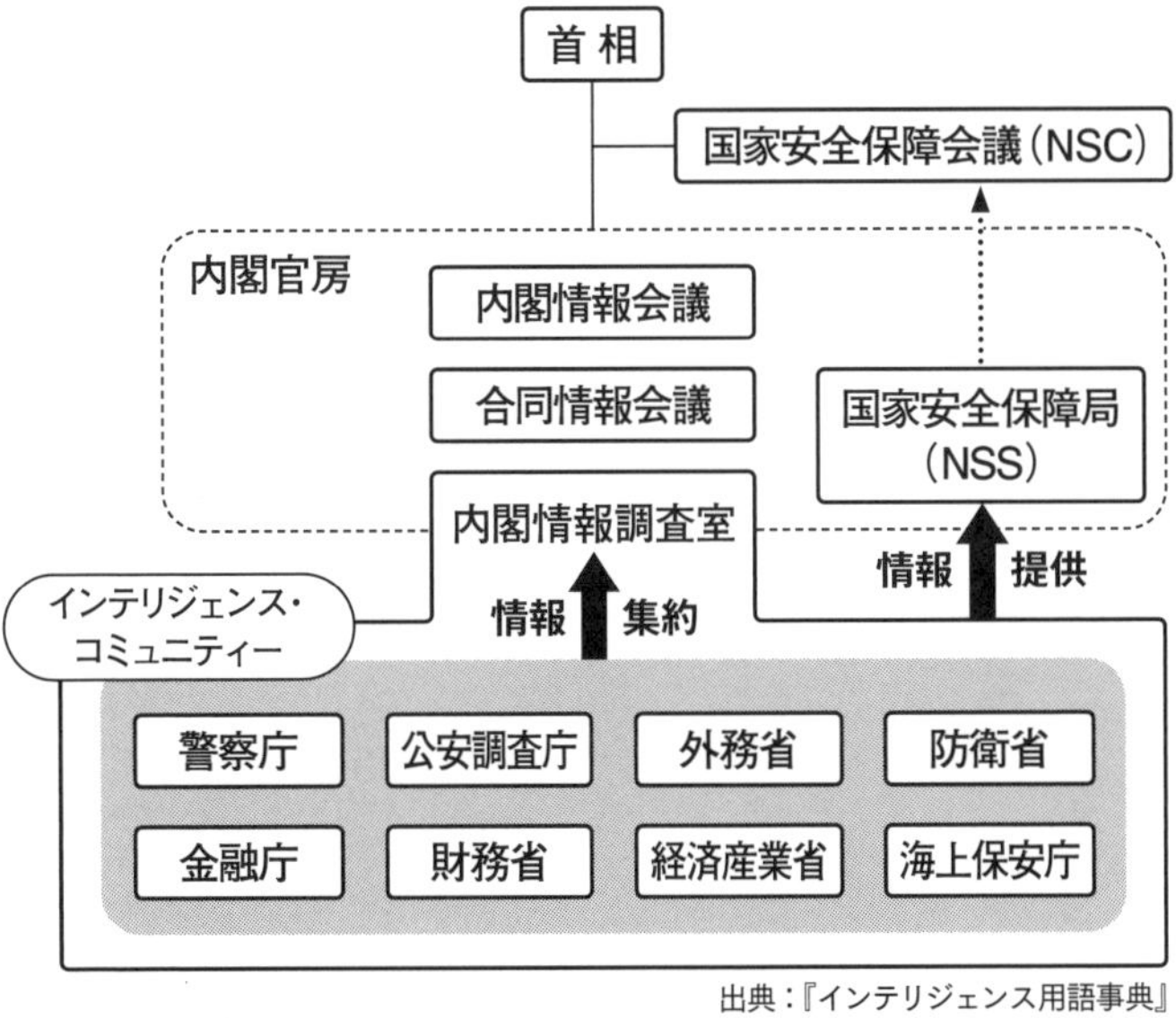

出典：『インテリジェンス用語事典』

れるようになっています。

日本は衛星による監視や在外公館での情報収集などは行っていますが、いわゆる対外諜報活動、つまり外国で情報機関の人間が身分を偽って行う情報活動や、非合法活動、現地の人間をエージェントに勧誘して情報を得るようなインテリジェンス活動は行っていない、とされています。

しかしインテリジェンスの必要性は、外交や安全保障に限らず格段に高まりつつあります。特に多くの人にとって重要なのが、2022年5月に推進法が成立した「経済安全保障」でしょう。米中対立が高まる中、日本が持っている高度な技術や先端研究の情報が中国に流れ、産業や軍需品の開発で使われないように、さらには中国の科学技術力の蓄積に使われてしまわないように、経済面からの安全を守るための枠組みが構築されています。

これまでも自衛官など公務員がロシアのスパイに情報を渡してしまったとか、民間でも企業秘密を産業スパイに渡してしまった、あるいは輸出管理令に反する輸出を行い、外為法違反で罰せられたという事例はありました。しかしこれからは、サイバー攻撃による情報窃取や、中国の事例のように留学生や研究者が研究成果を中国に持ち帰り、軍事転用することも考慮し、対処しなければなりません。つまり、盗まれる前に未然に防がなければならないのです。

インテリジェンスの観点から言えば、防諜がさらに必要になるということ。それも、情報機関だけでなく、先端研究を行う大学などの研究機関や、企業にも求められる時代に突入したのです。

ここまで、世界史を変えたスパイの活動を概観してきました。

これまでの世界は、一部のプロのスパイが活躍してきましたが、今後は、スパイとは縁のなかった私たちにもインテリジェンスについての関心や能力が必要とされるようになるのです。

おわりに——謝辞に代えて

この本が生まれるきっかけは、ジャーナリストの増田ユリヤさんと一緒に制作している「池上彰と増田ユリヤのYouTube学園」(https://www.youtube.com/@YTgakuen/videos)です。2020年のコロナ禍で書店が次々に臨時閉店し、私たちの書籍が読者に届かなくなってしまったことに危機感を抱き、制作会社ハイブリッドファクトリーの皆さんの協力を得て始めたものです。YouTubeは自由な空間ですから、なかなかテレビでは取り上げられないオタクな話も紹介しているうちに生まれたのが「世界のスパイ」(https://www.youtube.com/watch?v=amijJTWKv84)でした。

これをきっかけに書籍化しようという話になったのですが、なかなか方針が定まらないままでした。それでも、編集者の木村やえさんの熱心なリードで日経BPからの出版が決まり、YouTube学園初期からのメンバーの創造社の笠原仁子さんがゾルゲの資料を集めて応援してくれたおかげで、ようやく動き出しました。

　とはいえ、池上が忙しさにかまけていると、「なにをグズグズしているの！」と増田さんが一喝。増田さんの叱咤激励で、一挙に動き出しました。さらに増田さんが海外で撮影してきた貴重な写真を提供してくれたおかげで、形が見えてきました。ここに梶原麻衣子さんが加わって膨大な資料を読み込んでくださったおかげで、この本の形になりました。

　というように本の完成までを振り返ると、実に大勢の人の協力がありました。池上の単著の形ではありますが、実際は大勢の人たちとの共同作業でした。感謝しています。

　私たちが知っている世界史の裏側には、実はスパイが暗躍していたことがおわかりいただけたと思います。今後も、世界を変えるような出来事が起きた時、その背後に何があったのかを考えるきっかけになればと思っています。

参考文献

◉朝日新聞国際報道部『プーチンの実像　孤高の「皇帝」の知られざる真実』朝日新聞出版
◉アルカディ・ワクスベルク著、松宮克昌訳『毒殺　暗殺国家ロシアの真実』柏書房
◉アレクサンドル・リトヴィネンコ、ユーリー・フェリシチンスキー著、中澤孝之監訳『ロシア闇の戦争　プーチンと秘密警察の恐るべきテロ工作を暴く』光文社
◉アレン・ダレス著、鹿島守之助訳『諜報の技術　CIA長官回顧録』中央公論新社
◉アントニオ・メンデス、マット・バグリオ著、真崎義博訳『アルゴ』早川書房
◉アンドレイ・イーレシュ著、瀧澤一郎訳『KGB極秘文書は語る　暴かれた国際事件史の真相』文藝春秋
◉アンドレイ・フェシュン編集、名越健郎、名越陽子訳『ゾルゲ・ファイル1941―1945　赤軍情報本部機密文書』みすず書房
◉アンナ・ポリトコフスカヤ著、三浦みどり訳『チェチェン　やめられない戦争』NHK出版
◉アンナ・ポリトコフスカヤ著、鍛原多恵子訳『プーチニズム　報道されないロシアの現実』NHK出版
◉ウィリアム・ブルム著、益岡賢他訳『アメリカ侵略全史　第2次大戦後の米軍・CIAによる軍事介入・政治工作・テロ・暗殺』作品社
◉ヴィンセント・ベヴィンス著、竹田円訳『ジャカルタ・メソッド　反共産主義十字軍と世界をつくりかえた虐殺作戦』河出書房新社
◉O・A・ウェスタッド著、佐々木雄太監訳『グローバル冷戦史　第三世界への介入と現代世界の形成』

名古屋大学出版会
◉上田篤盛『情報戦と女性スパイ　インテリジェンス秘史』並木書房
◉ウォルフガング・ロッツ著、朝河伸英訳『スパイのためのハンドブック』早川書房
◉海野弘『陰謀の世界史』文藝春秋
◉海野弘『スパイの世界史』文藝春秋
◉エドワード・スノーデン著、山形浩生訳『スノーデン　独白　消せない記録』河出書房新社
◉エドワード・スノーデン、青木理他『スノーデン　日本への警告』集英社
◉エリオット・ヒギンズ著、安原和見訳『ベリングキャット　デジタルハンター、国家の嘘を暴く』筑摩書房
◉落合浩太郎『CIA失敗の研究』文藝春秋
◉落合浩太郎『近現代スパイの作法』ジー・ビー
◉川上高司監修『インテリジェンス用語事典』並木書房
◉キース・ジェフリー著、高田祥子訳『MI6秘録　イギリス秘密情報部1909―1949』上・下　筑摩書房
◉北村滋『経済安全保障　異形の大国、中国を直視せよ』中央公論新社
◉倉沢愛子『インドネシア大虐殺　二つのクーデターと史上最大級の惨劇』中央公論新社
◉グレアム・アリソン、フィリップ・ゼリコウ著、漆嶋稔訳『決定の本質　キューバ・ミサイル危機の分析』第2版Ⅰ・Ⅱ　日経BP
◉グレン・グリーンウォルド著、田口俊樹他訳『暴露　スノーデンが私に託したファイル』新潮社
◉小泉悠『現代ロシアの軍事戦略』筑摩書房

◉小泉悠『ウクライナ戦争』筑摩書房
◉ゴードン・トーマス著、玉置悟訳『インテリジェンス闇の戦争　イギリス情報部が見た「世界の謀略」100年』講談社
◉小谷賢『インテリジェンス　国家・組織は情報をいかに扱うべきか』筑摩書房
◉小谷賢『インテリジェンスの世界史　第二次世界大戦からスノーデン事件まで』岩波書店
◉小谷賢『日本インテリジェンス史　旧日本軍から公安、内調、NSCまで』中央公論新社
◉小谷賢『モサド　暗躍と抗争の70年史』早川書房
◉小林良樹『なぜ、インテリジェンスは必要なのか』慶應義塾大学出版会
◉佐々木太郎『革命のインテリジェンス　ソ連の対外政治工作としての「影響力」工作』勁草書房
◉佐藤優『世界インテリジェンス事件史』光文社
◉ジョン・アール・ヘインズ、ハーヴェイ・クレア著、中西輝政監訳『ヴェノナ　解読されたソ連の暗号とスパイ活動』扶桑社
◉ジョン・スウィーニー著、土屋京子訳『クレムリンの殺人者　プーチンの恐怖政治、KGB時代からウクライナ侵攻まで』朝日新聞出版
◉スタン・ターナー著、佐藤紀久夫訳『CIAの内幕　ターナー元長官の告発』時事通信社
◉スティーブ・コール著、坂井定雄他訳『アフガン諜報戦争　CIAの見えざる闘い　ソ連侵攻から9・11前夜まで』上・下　白水社
◉武田龍夫『嵐の中の北欧　抵抗か中立か服従か』中央公論新社
◉千野境子『インドネシア9・30クーデターの謎を解く　スカルノ、スハルト、CIA、毛沢東の影』草思社

◉E・V・W・デイヴィス著、川村幸城訳『陰の戦争　アメリカ・ロシア・中国のサイバー戦略』中央公論新社
◉デイヴィッド・ワイズ著、石川京子、早川麻百合訳『中国スパイ秘録　米中情報戦の真実』原書房
◉ティム・ワイナー著、山田侑平訳『FBI秘録　その誕生から今日まで』上・下　文藝春秋
◉ティム・ワイナー著、藤田博司他訳『CIA秘録　その誕生から今日まで』上・下　文藝春秋
◉ティム・ワイナー著、村上和久訳『米露諜報秘録1945―2020　冷戦からプーチンの謀略まで』白水社
◉デビッド・オマンド著、月沢李歌子訳『イギリス諜報機関の元スパイが教える　最強の知的武装術　残酷な時代を乗り切る10のレッスン』ダイヤモンド社
◉トマス・リッド著、松浦俊輔訳『アクティブ・メジャーズ　情報戦争の百年秘史』作品社
◉中薗英助『スパイの世界』岩波書店
◉名越健郎『秘密資金の戦後政党史　米露公文書に刻まれた「依存」の系譜』新潮社
◉中西輝政、小谷賢編著『増補新装版　インテリジェンスの20世紀　情報史から見た国際政治』千倉書房
◉ニコラス・エフティミアデス著、原田至郎訳『中国情報部　いま明かされる謎の巨大スパイ機関』早川書房
◉ハイディ・ブレイク著、加賀山卓朗訳『ロシアン・ルーレットは逃がさない　プーチンが仕掛ける暗殺プログラムと新たな戦争』光文社
◉パヴェル・スドプラトフ、アナトーリー・スドプラトフ著、木村明生訳『KGB衝撃の秘密工作』上・下　ほるぷ出版
◉春名幹男『秘密のファイル　CIAの対日工作』上・下　新潮社

◉福田ますみ『暗殺国家ロシア　消されたジャーナリストを追う』新潮社
◉米上院特別委員会報告、毎日新聞外信部訳『CIA暗殺計画　米上院特別委員会報告』毎日新聞社
◉ベン・マッキンタイアー著、小林朋則訳『キム・フィルビー　かくも親密な裏切り』中央公論新社
◉ボブ・ドローギン著、田村源二訳『カーブボール　スパイと、嘘と、戦争を起こしたペテン師』産経新聞出版
◉マーク・ボウデン著、伏見威蕃訳『ホメイニ師の賓客　イラン米大使館占拠事件と果てなき相克』上・下　早川書房
◉マーク・マゼッティ著、池田美紀訳、小谷賢監訳『CIAの秘密戦争　変貌する巨大情報機関』早川書房
◉マーク・M・ローエンタール著、茂田宏訳『インテリジェンス　機密から政策へ』慶應義塾大学出版会
◉マイケル・バー゠ゾウハー、ニシム・ミシャル著、上野元美訳『モサド・ファイル　イスラエル最強スパイ列伝』早川書房
◉マーティン・J・シャーウィン著、三浦元博訳『キューバ・ミサイル危機　広島・長崎から核戦争の瀬戸際へ』上・下　白水社
◉毎日新聞取材班『オシント新時代　ルポ・情報戦争』毎日新聞出版
◉マリン・カツサ著、渡辺惣樹訳『コールダー・ウォー　ドル覇権を崩壊させるプーチンの資源戦争』草思社
◉峯村健司他『ウクライナ戦争と米中対立　帝国主義に逆襲される世界』幻冬舎
◉山崎雅弘『第二次世界大戦秘史　周辺国から解く独ソ英仏の知られざる暗闘』朝日新聞出版
◉山内智恵子著、江崎道朗監修『ミトロヒン文書　KGB・工作の近現代史』ワニブックス
◉リチャード・J・サミュエルズ著、小谷賢訳『特務　日本のインテリジェンス・コミュニティの歴史』日経BP日本経済新聞出版本部

◉冷泉彰彦『アメリカの警察』ワニブックス
◉レム・クラシリニコフ著、佐藤優監訳『MI6対KGB　英露インテリジェンス抗争秘史』東京堂出版
◉ロックフェラー委員会報告、毎日新聞社外信部訳『CIA　アメリカ中央情報局の内幕　ロックフェラー委員会報告』毎日新聞社
◉ロバート・ケネディ著、毎日新聞社外信部訳『13日間　キューバ危機回顧録』中央公論新社
◉ロバート・ベア著、佐々田雅子訳『CIAは何をしていた？』新潮社
◉ロネン・バーグマン著、小谷賢監訳『イスラエル諜報機関　暗殺作戦全史』上・下　早川書房

・ウェブサイト
「クーリエ・ジャポン」https://courrier.jp/
「新潮社 foresight」https://www.fsight.jp/
「ニューズウィーク日本版」https://www.newsweekjapan.jp/

本書で取り上げた
スパイ、インテリジェンスが
登場する小説、映画

小説

『消されかけた男』
ブライアン・フリーマントル著、稲葉明雄訳／新潮社

『寒い国から帰ってきたスパイ』
ジョン・ル・カレ著、宇野利泰訳／早川書房

『007』シリーズ
イアン・フレミング著／早川書房

映画

『アクト・オブ・キリング』

『アルゴ』

『オペレーション・ミンスミート――ナチを欺いた死体』

『キリング・フィールド』

『クーリエ　最高機密の運び屋』

『グッドナイト＆グッドラック』

『13デイズ』

『ザ・インタビュー』
（金正男の暗殺に関する映画で、一部を除き配給中止）

『007』シリーズ

『大統領の陰謀』

Profile

池上 彰

いけがみ・あきら

ジャーナリスト
東京工業大学特命教授
長野県生まれ。慶應義塾大学経済学部卒業後、NHK入局。地方記者から科学・文化部記者などを経て、報道局記者主幹に。1994年よりNHK「週刊こどもニュース」で、ニュースをわかりやすく解説し、人気を博す。
2005年NHK退局後、フリージャーナリストとしてさまざまなテーマについて取材し、幅広いメディアに出演する。12年2月より東京工業大学リベラルアーツセンター（現リベラルアーツ研究教育院）教授に就任、16年から現職。著書に『伝える力』（PHPビジネス新書）、『知らないと恥をかく世界の大問題』シリーズ（角川新書）など、ベストセラー多数。

構成　梶原 麻衣子
ブックデザイン　フロッグキングスタジオ
カバー、プロフィール写真　中西裕人
スタイリング　加藤雄三
校正　麦秋アートセンター

世界史を変えた
スパイたち

2023年2月20日　第1版第1刷発行
2023年3月13日　第1版第3刷発行

著者　**池上 彰**
発行者　村上 広樹
発　行　株式会社日経BP
発　売　株式会社日経BPマーケティング
〒105-8308　東京都港区虎ノ門4-3-12
https://bookplus.nikkei.com

編　集　木村やえ
本文DTP　フォレスト
印刷・製本　中央精版印刷

ISBN 978-4-296-00142-2